“护好大水，喝好小水”视听读系列丛书

水污染防治百问

李贵宝　钱盘生　马玉川　主编

中国水利水电出版社
www.waterpub.com.cn
·北京·

内 容 提 要

本书以问答的形式科普水污染防治知识，旨在让广大公众和居民树立节水和洁水意识、强化水资源保护理念，让与污染治理有关的企事业单位工作人员以及环境保护管理者因地制宜地选择水污染防治技术和措施。全书分为三个部分：第一部分为水污染防治基础知识，第二部分为水污染防治法律法规与标准规范，第三部分为水污染防治技术与措施。附录中列出了涉水生态环境方面的地方标准。

本书可供环保、水利、市政、园林绿化、工程建设及相关行业的干部职工和广大社会群众阅读参考。

图书在版编目（CIP）数据

水污染防治百问 / 李贵宝，钱盘生，马玉川主编
. -- 北京 : 中国水利水电出版社，2022.9
（“护好大水，喝好小水”视听读系列丛书）
ISBN 978-7-5226-0601-9

Ⅰ. ①水… Ⅱ. ①李… ②钱… ③马… Ⅲ. ①水污染防治－问题解答 Ⅳ. ①X52-44

中国版本图书馆CIP数据核字(2022)第055292号

书　　名	“护好大水，喝好小水”视听读系列丛书 **水污染防治百问** SHUI WURAN FANGZHI BAI WEN
作　　者	李贵宝　钱盘生　马玉川　主编
出版发行	中国水利水电出版社 （北京市海淀区玉渊潭南路1号D座　100038） 网址：www.waterpub.com.cn E-mail：sales@mwr.gov.cn 电话：(010) 68545888（营销中心）
经　　售	北京科水图书销售有限公司 电话：(010) 68545874、63202643 全国各地新华书店和相关出版物销售网点
排　　版	中国水利水电出版社微机排版中心
印　　刷	天津嘉恒印务有限公司
规　　格	170mm×240mm　16开本　14.5印张　182千字
版　　次	2022年9月第1版　2022年9月第1次印刷
定　　价	**78.00**元

编 委 会

主　　编：李贵宝

副 主 编：钱盘生　马玉川　赵　青　李梦雨　李　明

编写人员：杨延龙　赵海波　周敏洹　刘　彬　周　山

陈　东　程嘉序　时林东　王蕴斯　王永峰

许　源　陈　健　罗　静　余　涛　冯　爽

卞二松　刘　芳　刘磬威　王学东　杨　卓

钱盘生　马玉川　赵　青　李梦雨　李　明

李贵宝　熊　稳　陈　建　杨姗姗

前　言

民以食为天，食以水为先。拥有稳定、安全、洁净的饮用水以及相关的卫生基础设施，既是人类生存的基本需求和权利，也是人类健康的必要保证，还是缩小城乡差距、促进社会和谐、实现可持续发展的重要基础。我国作为世界上人口最多的发展中国家，在进入全面建设社会主义现代化国家新征程的新发展阶段，仍面临着水问题的严峻挑战。

2002 年修订、2016 年修正的《中华人民共和国水法》第九条明确规定：“国家保护水资源，采取有效措施，保护植被，植树种草，涵养水源，防治水土流失和水体污染，改善生态环境”；第三十三条明确规定：“国家建立饮用水水源保护区制度。省、自治区、直辖市人民政府应当划定饮用水水源保护区，并采取措施，防止水源枯竭和水体污染，保证城乡居民饮用水安全”。2008 年修订、2017 年修正的《中华人民共和国水污染防治法》第一条规定：“为了保护和改善环境，防治水污染，保护水生态，保障饮用水安全，维护公众健康，推进生态文明建设，促进经济社会可持续发展，制定本法。”这都为水资源保护和水污染防治提供了法律保障。

党中央和国务院非常重视水安全。2014 年 3 月 14 日，中央财经领导小组第五次会议研究国家水安全战略，习近平总书记在会议上的讲话指出：“随着我国经济社会不断发展，水安全中的老问题仍有待解决，新问题越来越突出、越来越紧迫。老问题，就是地理气候环境决定的水时空分布不均以及由此带来的水灾害。新问题，主要是水资源短缺、水生态损害、水环境污染”；并指出“治水必须要有新内涵、新要求、新任务，坚持‘节水优先、空间均衡、系统治理、两手发力’的思路，实现治水思路的转变”。

党的十九大将污染防治攻坚战作为决胜全面建成小康社会三大攻坚战之一。近年来，党中央和国务院发布了有关水污染攻坚战、河湖长制等一系列政策文件，并为此投入了大量资金，采取行政、经济、技术、工程、宣传等综合措施推进水污染防治工作，取得了显著成效。

2017 年，习近平总书记在党的十九大全国代表大会上的报告中明确指出：“着力解决突出环境问题。坚持全民共治、源头防治，持续实施大气污染防治行动，打赢蓝天保卫战。加快水污染防治，实施流域环境和近岸海域综合治理。强化土壤污染管控和修复，加强农业面源污染防治，开展农村人居环境整治行动。加强固体废弃物和垃圾处置。提高污染排放标准，强化排污者责任，健全环保信用评价、信息强制性披露、严惩重罚等制度。构建政府为主导、企业为主体、社会组织和公众共同参与的环境治理体系。积极参与全球环境治理，落实减排承诺”。

然而，我国水环境保护形势依然十分严峻，面临许多困难和挑战。我国仍是发展中国家，仍在工业化、城镇化进程中，环境污染和生态破坏的严峻形势没有根本改变，生态环境事件多发频发的高风险态势没有根本改变；生态环境质量改善离人民群众对美好生活的期盼、离建设美丽中国的目标仍有较大差距；水资源水环境承载能力达到瓶颈，河湖生态环境问题长期积累凸显，水污染防治工作还存在一些不足和短板。黑臭水体、垃圾围城、生态破坏等问题时有发生，这些问题成为重要的民生之患、民心之痛，成为经济社会可持续发展的制约因素。

与人民群众对水安全、水资源、水生态、水环境的需求相比，问题集中体现在发展质量上。这就要求我们把发展质量问题摆在更为突出位置，全面提高水安全、水资源、水生态、水环境治理和管理能力，实现从“有没有”到“好不好”的发展，更好支撑我国社会主义现代化建设，更好满足人民日益增长的美好生活需要。

因此，为了更好地服务于水环境治理、水污染防治和水资源保护，我们编写了《水污染防治百问》。全书共分三部分，主要内容包括水污染防治基础知识、水污染防治法律法规与标准规范、水污染防治技术与措施，共计105个知识问答。这些问题均是涉水企业与管理者监督者、“产学研用”单位、公众与社区居民，在水污染防治与水资源保护中经常遇到的以及想知道的想查询的常识性和技术性问题。

限于编者水平，不当之处，敬请广大读者批评指正。

编者

2021年10月

目　录

前言

一、水污染防治基础知识

二、水污染防治法律法规与标准规范

三、水污染防治技术与措施

一、水污染
防治基础知识

01 水是怎么形成的？有哪些特征？

水是地球上最常见的物质之一，地球表面有71%被水覆盖。地球上水的起源在学术界中存在很大的分歧，目前有几十种不同的水形成学说。

有些观点认为，在地球形成初期，原始大气中的氢、氧化合成水，水蒸气逐步凝结下来并形成海洋；也有观点认为，形成地球的星云物质中原先就存在水的成分；原始地壳中硅酸盐等物质受火山影响而发生反应、析出水分；还有观点认为，是彗星和陨石将水带到地球上的，水是外来之物。

水是一种无机物，无色、无味、无毒、透明的液体，纯净的水不易导电。在标准大气压下，水的凝固点是0℃，沸点是100℃。它是由一个氧原子通过化学键连接两个氢原子组成，其化学式：H_2O，pH值为7，密度为1g/cm^3，易流动、不易压缩。当0℃的水加热到4℃时，会出现反常膨胀，即在这一温度区间是热缩冷胀。

02 水与生命有何密切关系?

水是生命之源，任何生物要生存都离不开水；水是所有生命体的重要组成部分，人体中水的含量约为70%。水是构成生物体的基础，又是生物新陈代谢的介质，在生命演化中起到了重要作用。

水是分解养分、输送养分、新陈代谢、平衡体温、润滑关节的必不可少的液体物质，是各内腔器官的必需物质，也是含溶解性矿物质的血液系统的一部分，它同溶解的钙、镁一样对维持人体组织的健康必不可少。当水充足时，血液保持正常的黏度，关节的软骨组织、血液毛细血管、消化系统、ATP（三磷酸腺苷）、能量系统和脊柱都能有效地工作。当人体内缺少水时，身体就会牺牲自己一些部位的正常状态，来保护另一些组织器官的正常工作，这样会导

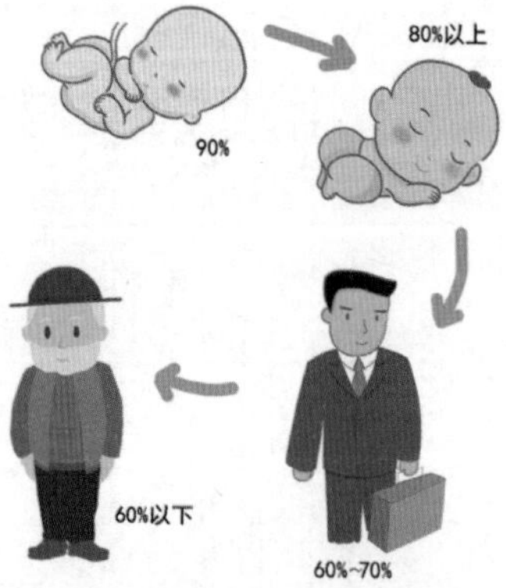

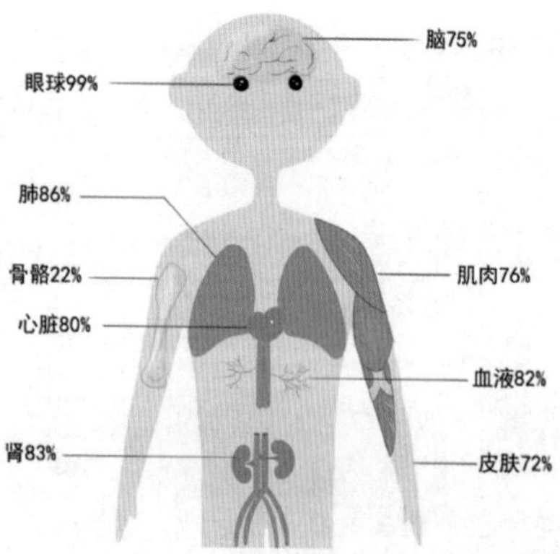

致疼痛、组织损伤及各种健康问题的产生。

科学实践证明：在严密的医学监护下，人不吃不喝最多只能活18天，但是只喝水不吃食物的人尚可存活382天，由此可见水对人生命的重要性。

03 我国的水资源现状如何？有何特征？

我国淡水资源总量为 2.8 万亿 m^3，与美国相当，居世界第 6 位，但资源再多，分配给 14 亿人口，人均就少得可怜了。人均水资源量只有 2200m^3，仅为世界平均水平的 1/4，美国的 1/5，在世界上名列 121 位，是全球 13 个人均水资源最贫乏的国家之一。

然而，我国又是世界上用水量最多的国家。截至 2020 年，全国用水量约为 5000 亿 m^3/ 年，大约占世界年取用量的 13%。

我国水资源的主要特征：一是水资源人均占有量很低；二是受季风的影响，我国降水年内年际变化大；三是我国水资源空间分布不均，东南多西北少；四是受全球性气候变化等影响，近年来我国部分地区降水发生变化，北方地区水资源明显减少。

河流和湖泊是我国主要的淡水资源。七大流域中，以珠江流域

人均水资源最多，人均径流量约 4000m^3。长江流域稍高于全国平均数，为 2300 ~ 2500m^3。海滦河流域是全国水资源最紧张的地区，人均径流量不足 250m^3。

04 为什么要保护水资源?

水是人类赖以生存和社会发展不可缺少而无法替代的最重要的物质资源。在地球上，哪里有水哪里就会有生命，一切生命活动都起源于水。若没有食物，人们可以活较长时间；如果没有水，在没有任何医学保护的情况下，顶多能活一周左右；可见水对我们来说是至关重要的。

我国不仅是一个严重缺水的国家，而且还是一个用水量最多的国家。由于水资源分配不均，缺水状况在我国普遍存在，而且有不断加剧的趋势。全国 670 个城市，一半以上存在着不同程度的缺水现象，其中严重缺水的城市有 110 多个。

在水资源先天不足的情况下，近年来由于气候变化带来的影响，降水变化和冰雪消融改变了水文系统，影响水资源数量和水质，导致淡水资源短缺加剧。人们生产、生活造成的水污染以及水环境恶化等问题尚未得到根本的解决，如果再不保护水资源的话，将来地球上留下的最后一滴水将会是自己的眼泪。因此，保护水资源就是保护我们的生命！

洗衣服不用手搓
只用水冲
老式便器水箱容量过大
大小不分档
随意开启消防
水龙头用水
涂肥皂时不关水龙头
刷牙时不关水龙头
十大
浪费水现象
在公共浴室洗完澡后
"人离水未关"
用过量的水洗车
洗车水未循环使用
用自来水冲洗道路
自来水管漏水，或爆管
未得到及时修理
解冻海鲜使用
"自来水长流法"

05 什么是资源型缺水？什么是结构型缺水？

资源型缺水，指由于对水资源的需求超过当地水资源的承载能力造成水资源短缺现象。据统计，在我国 400 个主要缺水城市中有 30% 属资源型缺水，主要分布在华北和西北地区。

结构型缺水，指某个地区或城市由于生产、生活方式不科学，产业结构布局不合理以及过度消耗淡水资源造成的缺水现象。在水资源丰富的地区因为过度消耗淡水资源也会发生结构型缺水，在淡水资源相对贫乏的地区如果也存在结构型缺水的问题，矛盾就更加突出。

06 什么是水质型缺水？什么是工程型缺水？

水质型缺水，主要是指可利用的淡水资源，由于受到各种污染，致使水质恶化不能使用造成的缺水现象。世界上许多人口大国，如中国、印度、巴基斯坦、墨西哥以及中东和北非的一些国家都不同程度地存在着水质型缺水的问题。

工程型缺水，是指特殊的地理和地质环境存不住水，或缺乏水利设施留不住水。从地区的总量来看，水资源并不短缺，但由于水

利工程建设没有跟上从而造成供水不足。这种情况主要分布在我国长江、珠江、松花江流域，西南诸河流域以及南方沿海等地区，尤其以西南诸省最为严重。

07 什么是水体？有哪些类型？

水体是河流、湖泊、水库、沼泽、地下水、冰川和海洋等“贮水体”的总称。在环境科学领域中，水体不仅包括水，还包括水中溶解物质、悬浮物、底泥及水生生物等。从自然地理的角度看，水体是指地表被水覆盖的自然综合体。

水体可按类型划分，也可按区域划分，具体内容包括以下两个方面：

（1）按类型划分：海洋水体和陆地水体，其中陆地水体又可分成地表水体和地下水体。如《中华人民共和国水污染防治法》（以下简称《水污染防治法》）对渔业水体的定义是指：划定的鱼虾类的产卵场、索饵场、越冬场、洄游通道和鱼虾贝藻类的养殖场的水体，显然渔业水体属于地表水体。

（2）按区域划分：指某一具体的被水覆盖的地段，如太湖、洞庭湖、鄱阳湖是三个不同的水体。

实际上，一个水体既可按类型划分，也可按区域划分，如太湖分属江苏省和浙江省，但按陆地水体类型划分，又属于湖泊；再如黄河、长江同属河流，而按区域划分，则分属多个省市。

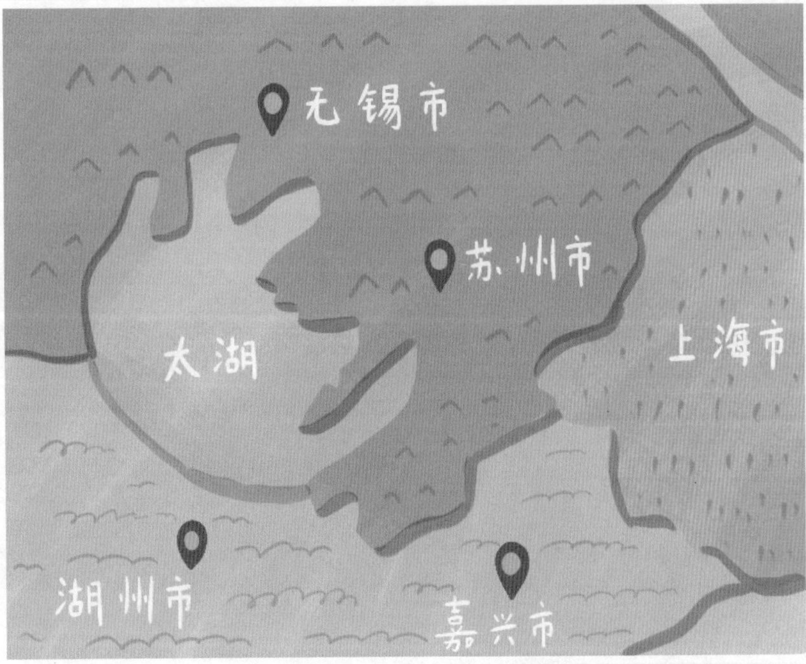
无锡市
苏州市
上海市
太湖
湖州市
嘉兴市

08 什么是水体“富营养化”？有何危害？

水体“富营养化”是指水体中的氮、磷等营养盐含量过多而引起的水污染现象。其实质是营养盐的输入输出失去平衡性，从而导致水生态系统物种分配失衡，单一物种疯长，破坏了系统物质与能量的流动，使整个水生态系统逐步走向灭亡。

当水体出现“富营养化”时，在适宜的外界环境条件下，水中的藻类以及其他水生生物异常繁殖，以致发生红色、褐色或绿色的“水华”现象。其结果会导致水体透明度和溶解氧变化，造成水体水质恶化，从而使水生态系统和水功能受到阻碍和破坏，严重的甚至会给水资源的利用（如饮用水、工农业供水、水产养殖、旅游以及水上运输）带来巨大损失。

09 什么是黑臭水体？怎么形成的？

黑臭水体的
形成过程

黑臭水体是一种生物化学现象，当水体遭受严重的有机污染时，有机物的好氧分解使水体中的耗氧速率大于复氧速率，造成水体缺氧，致使有机物降解不完全、速率减缓，在厌氧生物降解过程中生成硫化氢、氨、硫醇等发臭物质，同时形成黑色物质，使水体发黑发臭。

研究表明，黑臭水体的成因复杂，污染类型繁多。黑臭水体是一种严重的水污染现象，它不仅使水体完全丧失使用功能，还将影响景观和人类生活与健康。

习近平致信祝贺
2022 年六五环境日
国家主场活动

10 什么是水环境？有哪些问题？

水环境一般是指河流、湖泊、水库、沼泽、地下水、冰川、海洋等储水体中的水本身及水体中的悬浮物、溶解物质、底泥，甚至还包括水生生物等。广义的水环境还应包括与水体密切相连周边一定的范围。按照环境要素的不同，水环境可分为：河流环境、湖泊环境、海洋环境、地下水环境等。

由于经济的快速发展，世界各国的水环境或多或少存在着一些问题。水环境问题是指由于自然的或人为的原因，使水文特征或水量和水质朝着不利于人类发展的方向演变。自然原因造成的水环境问题主要有：洪灾、涝灾、旱灾、土地盐碱化、地方病、泥石流和沙漠化等。人为原因造成的水环境问题主要有：水污染、湖泊富营养化、水土流失、土壤次生盐碱化、河湖萎缩和功能衰退、水荒、地下水位下降以至枯竭、地面沉陷、水质恶化、海水入侵等。

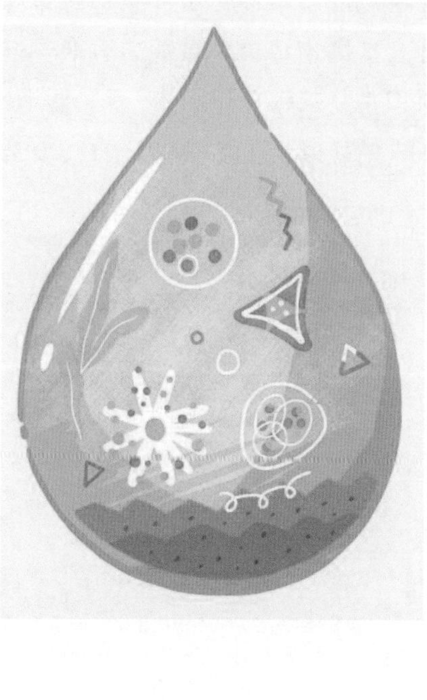

11 什么是水环境承载力？

地球生命支持系统的支持力量究竟有没有极限呢？这就是所谓的“承载力”问题。地球的面积和空间是有限的，其资源是有限的，显然它的承载力也是有限的。因此，人类的活动必须保持在地球承载力的极限之内。环境承载力是指在一定时期内，在维持相对稳定的前提下，环境资源所能容纳的人口规模和经济规模的大小。

水环境承载力就是指在一定的水域，其水体能够被继续使用并保持良好生态系统时，所能容纳污水及污染物的最大能力。不同的水体具有不同的纳污能力。水环境承载能力是保护水环境的重要尺度，也是制定排污总量的重要指标。提高水环境承载能力有很多方法，如减少污水排放、增加水量、采取生物工程净化水体，保护湿地、增强水环境自我修复能力，等等。目前较常用的主要途径有减少污水排放量和增加水量。

减污
增水

12 为什么要改善水环境?

目前我国水环境面临问题主要有:

（1）主要污染物排放量超过水环境容量或其承载能力。2020 年，在全国地级及以上城市中，铜川、沧州、邢台、东营、滨州、阜新、日照、商丘、淮北、临汾等 30 个城市的国家地表水考核断面水环境质量相对较差。

（2）江河湖库遭受污染仍比较严重。2020 年，海河流域、辽河流域、淮河流域和松花江流域的地表水 IV ～ V 类占比比较高。

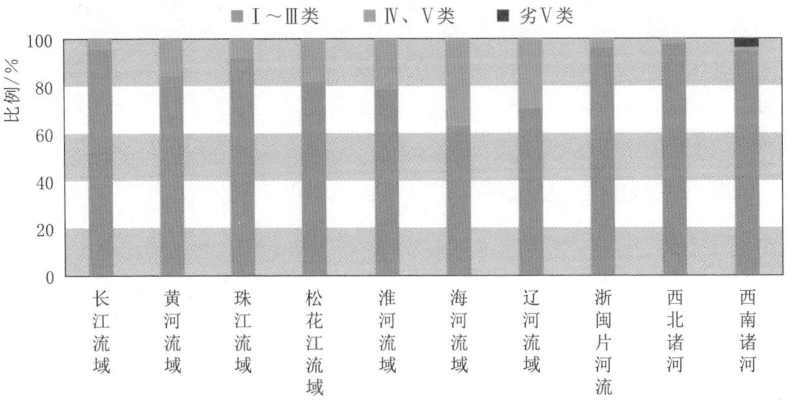

2020年，七大流域和浙闽片河流、西北诸河、西南诸河水质状况

（3）生态用水缺乏，水环境恶化加剧。辽河、淮河、黄河地表水资源利用率已远远超过国际上公认的40%的河流开发利用率上限，海河水资源开发利用率更接近90%。一些北方河流呈现出“有水皆污、有河皆干”的局面，生态功能几近丧失。

可见，我国水环境问题非常严峻。因此，改善水环境对于保障城乡居民用水安全以及维护人民群众身体健康具有十分重要的作用。

13 用什么标准来衡量水环境的质量？

水环境的好与坏，有时是可以直接通过人的感官辨别出来的，比如说富营养化的水体；但有时是感觉不出来的，需要通过物理的、化学的或生物的方法测定，并与相关标准的限值进行比较后确定。那么用来比较的限值及其系统的规定就称为水环境质量标准，它是为控制和消除污染物对水体的污染，根据水环境长期和近期目标而提出的、在一定时期内应达到的水环境的指标，是水体水质管理的标准之一。

ICS 13.060
Z 50

GB

中华人民共和国国家标准

GB 3838—2002
代替 GB 3838—88，GHZB 1—1999

地表水环境质量标准

Environmental quality standards for surface water

一般按水域的用途，分类分级制订出相应的水环境质量标准。除制订全国水环境质量标准外，各地区还可参照水体的实际特点、水污染现状、经济基础和治理水平，按水域主要用途，会同有关单位协调共同制订出适合本区域的地区水环境质量标准（一般称为地方标准）。

14 改善水环境与保护水资源有何重要关系？

水环境是一个与水、水生生物和污染等有关的综合体，且还是一个传输、储存和提供水资源的水体。改善水环境使其朝着更有利于人类生产、生活方向发展，这关系到城市供水安全，即有充足的、清洁的水资源可以满足人类生产及生活的需要；同时，还意味着人类生产、生活所产生的水污染不能超出水环境的承载能力。

当前我国城市缺水问题比较严重，在全国 600 多个城市中，有 400 多个城市供水不足，水资源短缺问题已非常突出。随着经济社会的发展、城市化进程的加快和城镇人口的增加，我国水的问题将更加突出。

水资源紧缺原因既有水量不足问题，也有水污染问题，其中水污染造成水资源质量下降是引起供水短缺的重要原因之一。水环境污染破坏了有限的水资源，进一步加剧了水资源的供需矛盾。可见，水环境不被污染，水资源保护的任务就轻得多，人类就可利用更优质的水资源，从而为我们的生活、生产和生态服务。因此，改善水环境、保护水资源的重要意义是不言而喻的。

从部门管理来看，水资源属于水利系统在综合管理，水环境属于生态环境部门在管理。可以比喻为人的两只手，左手为水资源，右手为水环境。只有两只手一起协调配合好，水的问题就会少得多，解决起来就顺得多。

15 什么是水生态？

水生态是指环境水因子对生物的影响和生物对各种水分条件的适应。生命起源于水，水又是一切生物的重要组分。生物体不断地与环境进行水分交换，环境中水的质（如盐度）和量是决定生物分布、种类的组成和数量，以及生活方式的重要因素。

水利部关于
加强河湖水域岸线
空间管控的指导意见

生物的出现使地球水循环发生重大变化。土壤及其中的腐殖质大量持水，而蒸腾作用将根系所及范围内的水分直接输送到空气中，这就大大减少了返回江河湖海的径流。这使大部分水分局限在部分范围区域内循环，从而改变了气候和减少了水土流失。因此，不仅农业、林业、渔业等领域重视水生态的研究，从人类环境的角度出发，水生态也日益受到更普遍的重视。

16 水环境、水资源与水生态有何关系?

水资源、水环境与水生态是一个有机联系的整体。水资源是地球上可以被利用的水。水环境是指人类所处的环境中与水相关的部分。水生态主要是指人或水生动物、水生植物所生存的环境条件。

水环境、水资源与水生态，三者既有区别又有联系。水资源供给不足，肯定会对水环境和水生态产生影响。水资源包括水量和水质两方面，如果水质不好，或者水量太少，水环境、水生态都会受到一定的影响。量变到一定程度后发生质变，不论是人类，还是动植物，其生存条件就会受到威胁。水质与水量密切相关。在相同的污染物条件下，水量越大则污染浓度越低。从水资源角度来说，水

护好人水挂图

量减少了，水质也会发生相应的变化，水环境就会变差，水生态就会慢慢被退化。

因此，在一定的水资源条件下，只有保持良好的水环境，才能维持一个优质的水生态。一旦水环境遭到破坏，水生态将逐渐恶化，最终产生生态灾难，危及人类、动植物等。

如果我们把水生态看成是一个“产品”，那么水资源就是原材料，水环境就是生产车间及工艺。试想一下，如果原材料不太好，并且生产车间和工艺也一般般，能生产出好的产品来吗？

17 我国各省（自治区、直辖市）水资源现状如何？

我国各省（自治区、直辖市）由于面积和人口的差异性，以及所处地理位置的天然性，其水资源总量和人均水资源量也就差别较大。水资源总量以西藏自治区、广东省和四川省位居前三，宁夏回

各省（自治区、直辖市）水资源总量 / 亿m³

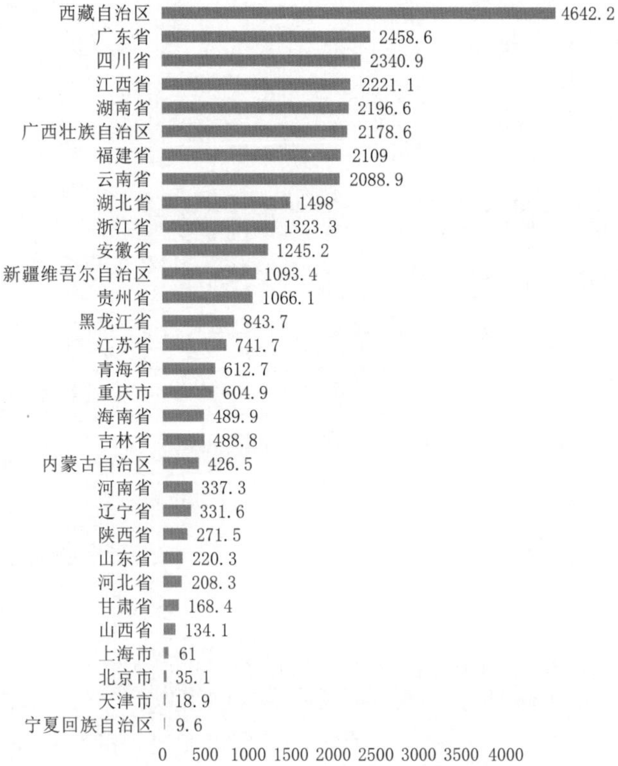

族自治区、天津市和北京市位居最后三位。人均水资源量以西藏自治区、青海省和福建省位居前三，天津市、宁夏回族自治区和北京市位居最后三位。

各省（自治区、直辖市）人均水资源量 /（m^3/人）

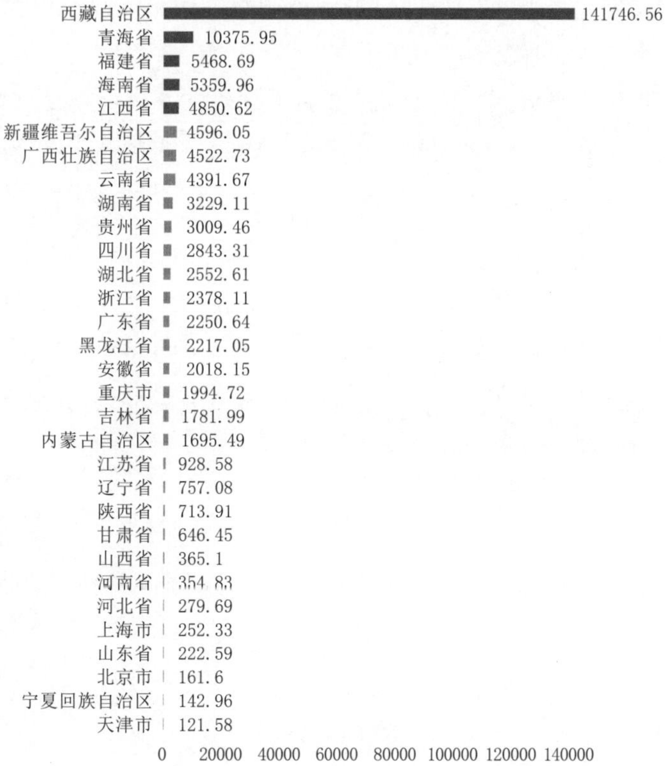

18 什么是水安全？什么是水文化？

水安全问题通常指相对人类社会生存环境和经济发展过程中发生的与水有关的危害问题，例如洪涝、溃坝、水量短缺、水污染等并由此给人类社会造成损害，具体包括：人类财产损失、人口死亡、健康状况恶化、生存环境的舒适度降低、经济发展受到严重制约等。

水安全一词最早出现在 2000 年斯德哥尔摩举行的水讨论会上。这是一个全新的概念，属于非传统安全的范畴。

水文化是指以水和水事活动为载体人们创造的一切与水有关文化现象的总称，包含了水利文化的全部内容，是从全社会的视野来看待水和水利的。

我们说中华水文化是中华文化中以水为轴心的文化集合体，就是说，中华水文化是客观地存在于中华文化的各个方面。我们的任务是把中华文化中与水有关的各个方面文化集结起来，使之成为一种相对独立的文化形态，就可以清楚地看出中华水文化是中华文化的重要组成部分。

“十四五”
水安全保障规划
印发实施

19 什么是自来水？什么是矿泉水？什么是纯净水？

自来水是指通过自来水厂净化、消毒后生产出来的符合国家饮用水标准的供人们生活、生产使用的水。它主要通过水厂的取水泵站汲取江河湖库的地表水及地下水，并经过沉淀、消毒、过滤等工艺流程，按照国家生活饮用水相关卫生标准处理后，最后通过配水泵站、输配水管道输送到千家万户和需要用水的地方。

喝好小水挂图

矿泉水是指从地下深处自然涌出的或经钻井采集的，含有一定量的矿物质、微量元素或其他成分，在一定区域未受污染并采取预防措施避免污染的水；在通常情况下，其化学成分、流量、水温等动态指标在天然周期波动范围内相对稳定。矿泉水种类较多，《天然矿泉水资源地质勘查规范》（GB/T 13727—2016）中分为饮用天然矿泉水和理疗天然矿泉水。饮用天然矿泉水有国家标准，即《食品安全国家标准 饮用天然矿泉水》（GB 8537—2018）。

纯净水简称净水或纯水，是纯洁、干净，且不含有杂质、矿物质（如有机污染物、无机盐、任何添加剂和各类杂质）或细菌的水，一般是以符合生活饮用水卫生标准的水为原水，通过电渗析器法、离子交换器法、反渗透法、蒸馏法及其他适当的加工方法制得而成。纯净水不含任何添加物，无色透明，可直接饮用，但不宜长期饮用，特别是小孩、孕妇和老人。

20 自来水可以直接饮用吗？为什么要对其进行消毒？

自来水的主要生产过程，可分为取水、加药、混凝、沉淀、过滤、消毒供水等几部分。所以，从水厂输送出的自来水是干净的，且达到国家《生活饮用水卫生标准》（GB 5749—2022）的要求。

理论上讲，自来水是可以直接饮用的，但是一般情况下不直接饮用，具体原因包括：一是我们广大居民长期有饮用热水的习惯，一般总是烧开后再喝；二是自来水出厂输送到千家万户，需要通过

自来水怎么进千家万户

输水供水管网，自来水厂会加一定量的氯以保证输水管道的水质安全。因为自来水管大部分是铁管，使用久了之后铁管会生锈，且在自来水管里面容易滋生细菌，所以自来水在出厂时必须保证水中有足量的余氯，避免水在输送过程中被管道中的细菌微生物所污染。

为了给自来水消毒，水厂往往会在水里加入少量的氯气，氯气溶于水后会生成次氯酸等物质，次氯酸有极强的杀菌、漂白作用。但同时，水中还会产生一些次氯酸盐和有机氯，它们被称为余氯。余氯具有较强的氧化性，如果经常喝含有余氯的自来水，对健康显然是不利的。但是，自来水中的余氯是不稳定的物质，它在光或热的作用下很容易分解和挥发掉。所以，自来水烧开后，其中的余氯就可被去掉了。所以，建议自来水一般不要直接饮用的。

水是传播疾病的重要媒介。水中的病原体包括细菌、病毒以及寄生型原生动物和蠕虫，其来源主要是人畜粪便。在不发达国家，由于饮水造成的传染病是很常见的。这可能是由于水源受病原体污染后，未经充分消毒，也可能是饮用水在输配水和存储过程中受到二次污染造成的。

理想的饮用水不应含有致病微生物，也不应有人畜排泄物的指示菌。为了保障饮用水能达到要求，需要对饮用水进行消毒。我国自来水厂普遍采用加氯消毒的方法，当饮用水中游离氯达到一定浓度后，接触一段时间就可以杀灭水中的细菌和病毒。因此，流到千家万户的自来水常常会有一股氯气味。

21 为什么要建立饮用水水源地？

饮用水水源地是国家对某些特别重要的水体加以特殊保护而划定的区域。《水污染防治法》第五章：饮用水水源和其他特殊水体保护，共计 13 条规定了饮用水水源保护方面的法则。以下为部分摘要：

饮用水水源保护区分为一级保护区和二级保护区；必要时，可以在饮用水水源保护区外围划定一定的区域作为准保护区。在饮用水水源保护区内，禁止设置排污口。

县级以上人民政府可以对风景名胜区水体、重要渔业水体和其他具有特殊经济文化价值的水体划定保护区，并采取措施，保证保护区的水质符合规定用途的水环境质量标准。

在风景名胜区水体、重要渔业水体和其他具有特殊经济文化价值的水体的保护区内，不得新建排污口。在保护区附近新建排污口，应当保证保护区水体不受污染。

在我国经济高速发展的同时，关系人民群众切身利益的饮水安全状况却令人担忧。饮用水作为一类用途最为重要的水资源，目前在水质、水量及资源管理方面存在着诸多问题，老百姓饮水安全会受到威胁。如上海市原为黄浦江水源地，后又增加长江水源地且不断往上游取水，因为一般是越往下游河流的水质越差。因此，国家和各级政府建立水源地保护区，通过一系列的法律、行政法规、部门规章、标准规范和地方法规进行保护，以最大可能避免水源地受人类活动影响，保证饮水的安全。

22 为什么要建立应急饮用水水源地？

近年来，由于突发事件的不断发生，引起水源地污染的社会问题相当突出，为此建立应急水源地也成为政府必须考虑的工作内容之一。如浙江省虽然降水较丰富，但平原水网地表水污染较重，不能做生活用水，加之旱灾的威胁，故建立应急供水水源地十分必要。所谓应急供水系统，就是当发生了常规供水不足或中断的紧急状态下，能够向人们提供生活用水、部分或全部生产用水的供水系统。

应急供水水源一般以地下水为佳，这是因为地表水水量的丰枯与降水同步，易受污染，水库易受攻击而被摧毁，而地下水恰好能弥补地表水的这些不足，且具有分布较广泛、水量稳定、不易受污染、取水设施不易受地震和战争的摧毁，并能够保证一定时期内连续稳定供水，因而是理想的应急水源。如北京市为保障本市供水，已经建立了四大应急水源地，其中怀柔区、平谷区、昌平区为地下水源地，房山区张坊镇为地表水源地。全市平均每年利用应急水源地供水为1 亿～2 亿 m^3。

23 什么是水污染物，其污染来源有哪些？

水污染物是指直接或间接向水体排放的，能导致水体污染的物质。有些污染物可使生物发生突变或死亡，如有毒污染物就是被生物摄入体内后，可能导致该生物或者其后代发病、行为反常、遗传变异、生理机能丧失、机体变形或者死亡的污染物。

水污染物的来源主要有三方面：一是工业废水；二是生活污水；三是农业污水。

（1）工业废水是水体污染的主要原因，如炼钢厂、焦化厂排出的含酚、氰化物等的废水；造纸厂排出含有大量有机物的废水；化工厂、化纤厂、化肥厂等排出含砷、汞、铬、农药等有害物质的废水。对水体污染影响较大的工业废水主要来自冶金、化工、电镀、造纸、印染、制革等行业。

（2）生活污水指人们日常生活的洗涤废水和粪便污水等。水中主要有害物质为有机物、肠道致病菌、病毒和寄生虫等。

（3）农业污水指农牧业生产排出的污水，以及降水或灌溉水流过农田或经农田渗漏排出的水。农业污水主要含有化肥、农药、人畜粪便等有机物及人畜肠道病原体等。此外，随着现代化农业的畜牧业的发展，特别是大型饲养场的增加，各种畜禽粪便也是水污染的主要原因之一。

此外，堆放在河边的工业废弃物和生活垃圾、森林砍伐造成的水土流失以及因过度开采而产生的矿山污水等也是造成水污染的来源。

24 我国的水污染现状如何?

水污染问题不仅会造成巨大的经济损失，更直接危害广大居民的饮水安全。据世界卫生组织（WHO）统计，目前水中污染物已达2221种，主要为有机化合物、重金属等，全世界每年有几千万人死于因水污染而引发的疾病。有些水污染事故造成恶劣影响，如2005年11月，中国石油吉林石化公司双苯厂发生爆炸事故，造成大量苯类污染物进入松花江水体，引发重大水环境污染事件，导致哈尔滨全城停水4天。2007年5月，太湖蓝藻暴发，导致无锡市城区大批市民家中自来水无法正常饮用，造成了空前的无锡水资源危机，市区断水数日。

中共中央国务院关于深入打好污染防治攻坚战的意见

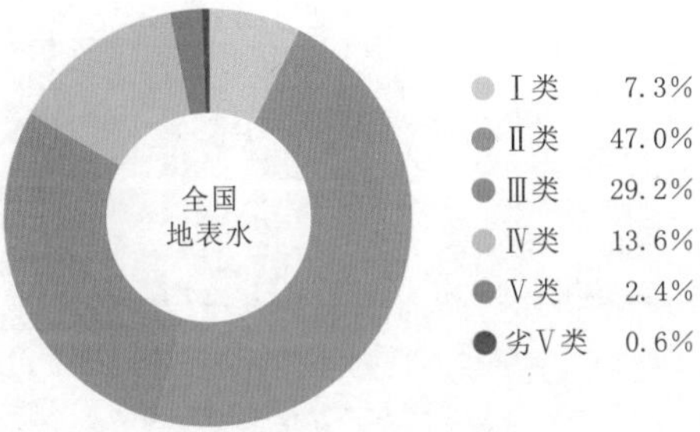

2020年全国地表水总体水质状况

2009 年，我国废水排放总量为 589.2 亿 t，比上年增加 3.0%；环境保护部共接报并妥善处置突发环境事件 171 起，比上一年增加 26.7%，其中水污染事件 80 起，占总数的 46.8%。

2020 年，全国地表水Ⅰ～Ⅲ类监测断面（点位）占 83.5%，劣Ⅴ类仅占 0.6%。主要污染物指标为化学需氧量、总磷和高锰酸盐指数。长江流域、渤海入海河流国控断面全部消除劣Ⅴ类。总的来看，我国水环境状况越来越好。

25 什么是点源污染？什么是面源污染？

点源污染是指有固定排放点的污染源，主要是大、中企业和大、中居民点在小范围内的大量水污染物集中排放汇入江河湖泊。

点源污染主要包括工业废水和城市生活污水污染。其特点是：点源的污染物多，成分复杂，变化受工业废水和生活污水排放规律的影响，即有季节性和随机性。

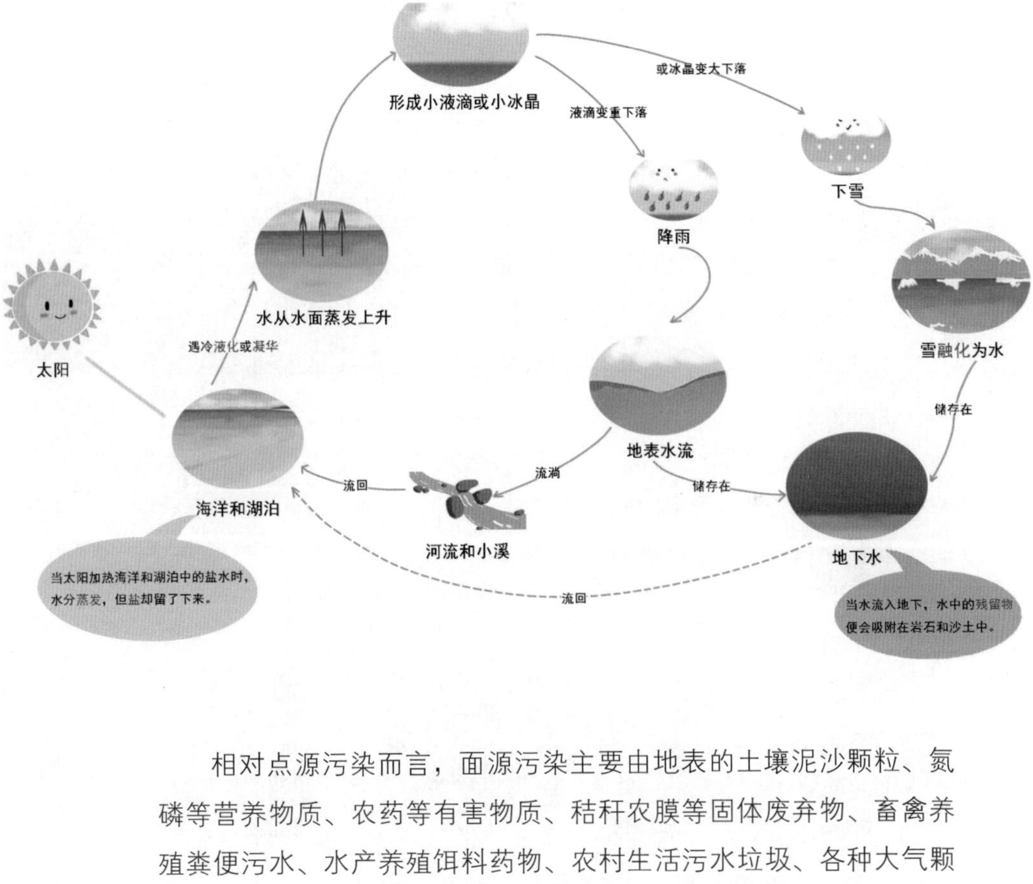

相对点源污染而言，面源污染主要由地表的土壤泥沙颗粒、氮磷等营养物质、农药等有害物质、秸秆农膜等固体废弃物、畜禽养殖粪便污水、水产养殖饵料药物、农村生活污水垃圾、各种大气颗粒物沉降等，通过地表径流、土壤侵蚀、农田排水等形式进入水体环境所造成，其特点是：分散性、隐蔽性、随机性、潜伏性、累积性和模糊性等，因此不易监测、难以量化，研究和防控的难度大。

26 什么是无机污染？什么是有机污染？

无机污染指酸、碱和无机盐类对水体的污染。无机污染首先是使水的 pH 值发生变化，破坏其自然缓冲作用，抑制微生物生长，阻碍水体自净作用，同时还会增大水中无机盐类和水的硬度，给工业和生活用水带来不利影响。

水体中的无机污染物包括无机阴离子、金属及其化合物。

无机阴离子包括：硫化物、氰化物、硫酸盐、硼、游离氯和总氯、氯化物、氟化物、碘化物；金属及其化合物包括：银、铝、砷、钡、铍、铋、镉、钾、钠、钙、镁以及金属化合物等。

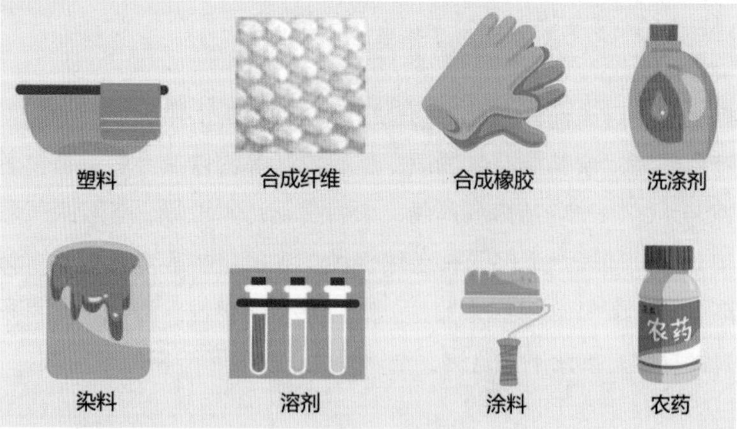

有机污染指以碳水化合物、蛋白质、氨基酸以及脂肪等形式存在的天然有机物质及某些其他可生物降解的人工合成有机物质组成的有机污染物所造成的污染。

有机污染物按来源可分为天然有机污染物和人工合成有机污染物两类。

（1）天然有机污染物主要是由生物体的代谢活动及其他生物化学过程产生的，如萜烯类、黄曲霉毒素等。近年来发现许多种天然有机污染物能使动物发生肿瘤，有些天然有机污染物可以与其他污染物反应生成二次污染物。

（2）人工合成有机污染物是随着现代合成化学工业的兴起产生的，如塑料、合成纤维、合成橡胶、洗涤剂、染料、溶剂、涂料、农药、食品添加剂、药品等人工合成有机物。其一方面在规定条件和要求范围内满足了人类生活的需要，另一方面当其进入环境并在达到一定浓度时，便会造成污染，危害人类健康。

27 什么是一次污染物？什么是二次污染物？

一次污染物又称“原生污染物”，是由污染源直接或间接排入环境的污染物，如直接排入洁净大气的二氧化硫和排入水体内的化学毒物、病毒等。一次污染物是环境污染的主要来源，常见的有大气中的二氧化硫、氟利昂、萜烯、火山灰、水体和土壤中的重金属、有机物等。由一次污染物造成的环境污染，称为一次污染。

二次污染物也称“次生污染物”，是一次污染物在物理、化学因素或生物作用下发生变化，或与环境中的其他物质发生反应，所形成的物化特征与一次污染物不同的新污染物，通常比一次污染物对环境和人体的危害更为严重。如水体中无机汞化合物通过微生物作用，可转变为毒性更强的甲基汞化合物。该化合物易被人体吸收，不易降解，排泄很慢，容易在脑中积累。大气中的二氧化硫和水蒸气可氧化为硫酸，进而生成硫酸雾，其刺激作用比二氧化硫强 10 倍。由二次污染物造成的环境污染，称为二次污染。

28 什么是化学性污染？其有哪些类型？

化学性污染是指农用化学物质、食品添加剂、食品包装容器和工业废弃物的污染，以及汞、镉、铅、氰化物、有机磷及其他有机或无机化合物等所造成的污染。如使用农药，采用聚乙烯（PE）和聚丙烯（PP）的塑料制品作为食物包装袋，食品中添加的防腐剂、甜味剂、着色剂，一些工厂（如农药厂）不合理排放的污水等都属于化学性污染。

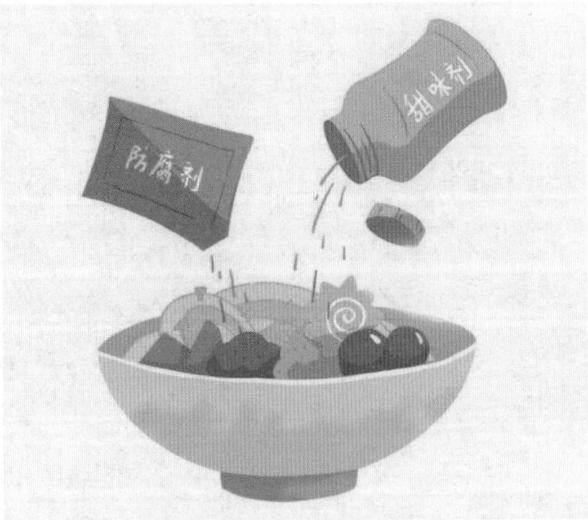

化学性污染的危害较大，如甲醛可诱发鼻癌、血癌（白血病）；挥发性有机物，如苯、甲苯和二甲苯等会导致再生障碍性贫血和胎儿畸形；氨可致肺水肿及呼吸道症等。

化学性污染物种类多种多样，其中水体中的化学性污染物主要分为以下几类：

（1）无机污染物质：污染水体的无机污染物质有酸、碱和一些无机盐类。酸碱污染使水体的pH值发生变化，妨碍水体自净作用，还会腐蚀船舶和水下建筑物，影响渔业。

（2）无机有毒物质：污染水体的无机有毒物质主要是重金属等有潜在长期影响的物质，主要有汞、镉、铅、砷等元素。

（3）有机有毒物质：污染水体的有机有毒物质主要是各种有机农药、多环芳烃、芳香烃等，其大多数是人工合成的物质，化学性质很稳定，很难被生物降解。

（4）耗氧污染物质：生活污水和某些工业废水中所含的碳水化合物、蛋白质、脂肪和酚、醇等有机物质可在微生物的作用下进行分解。在分解过程中需要大量氧气，故称之为耗氧污染物质。

（5）植物营养物质：主要是生活与工业污水中的含氮、磷等植物营养物质，以及农田排水中残余的氮和磷。

（6）油类污染物质：主要指石油对水体的污染，尤其海洋采油和油轮事故污染最为严重。

29 什么是物理性污染？其有哪些类型？

从字面上看，物理性污染指的是和化学物质无关的污染，包括光线、噪声、电磁波等。几乎所有的物理性污染都可以通过视觉、听觉、触觉等感官感受出来的。物理性污染程度是由声、光、热、电等在环境中的量决定的。

常见的物理性污染物有多种类型，如噪声污染、放射性污染、光污染、电磁波污染等。在战时环境下物理性污染因素相当常见。

水中的物理性污染物主要有以下几种类型：

（1）悬浮物质污染：悬浮物质是指水中含有的不溶性物质，包括固体物质和泡沫塑料等。它们是由生活污水、垃圾、采矿、采石、建筑、食品加工、造纸等产生的废物泄入水中或由水土流失所引起的。悬浮物质影响水体外观，妨碍水中植物的光合作用，减少氧气的融入，对水生生物的生长和繁殖不利。

（2）热污染：来自各种工业过程的冷却水。若不采取措施，直接排入水体，可引起水温升高、溶解氧含量降低、水中存在的某些有毒物质的毒性增加等现象，从而危及鱼类和水生生物的生长。

（3）放射性污染：由于原子能工业的发展、放射性矿藏的开采、核试验和核电站的建立以及同位素在医学、工业、研究等领域的应用，使放射性废水、废物显著增加，造成一定的放射性污染。

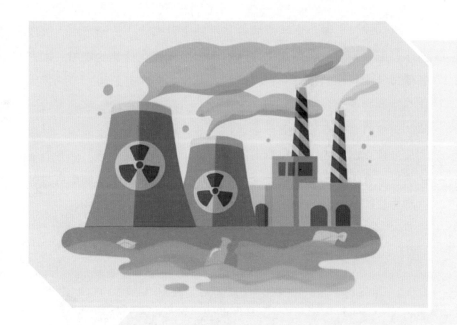

30 什么是生物性污染？其有哪些类型？

对人和生物有害的微生物、寄生虫等病原体污染水、气、土壤和食品，影响生物产量和质量，危害人类健康，这种污染称为生物性污染。

水、气、土壤和食品中的有害生物主要来源于生活污水、医院污水、屠宰污水、食品加工厂污水、未经无害化处理的垃圾、人畜粪便以及大气中的飘浮物和气溶胶。其中主要含有危害人与动物消化系统和呼吸系统的病原菌、寄生虫、引起创伤和烧伤等继发性感染的溶血性链球菌、金黄色葡萄球菌等，以及可引起呼吸道、肠道和皮肤病变的花粉、毛虫毒毛、真菌孢子等大气变应原。这些有害生物对人和生物的危害程度主要取决于微生物和寄生虫的病原性、人和生物的感受性以及环境条件三个因素。

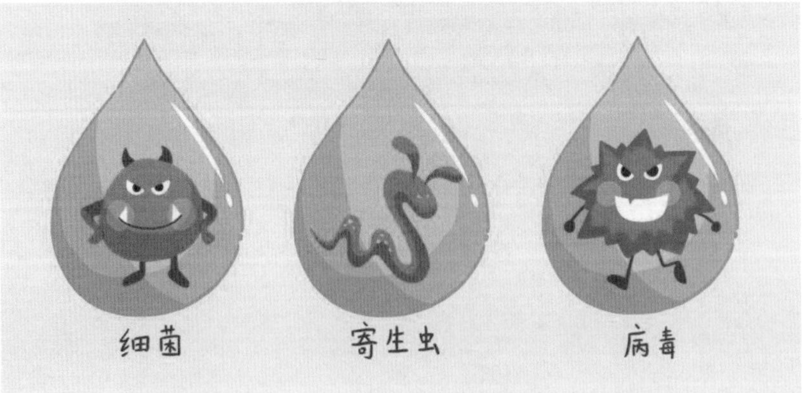

污水，特别是医院污水和某些工业废水污染水体后，往往可带入一些病原微生物。其衡量指标主要有大肠菌类指数、细菌总数等。某些原来存在于人畜肠道中的病原细菌，如伤寒、副伤寒、霍乱细菌等都可通过人畜粪便的污染而进入水体，随水流动而传播。一些病毒，如肝炎病毒、腺病毒等也常在污染水中发现。某些寄生虫病，如阿米巴痢疾、血吸虫病、钩端螺旋体病等也可通过水进行传播。

生物性污染可分为四类：一是真菌，它是造成过敏性疾病的最主要原因；二是来自植物的花粉，如悬铃木花粉；三是由人体、动物、土壤和植物碎屑携带的细菌和病毒；四是尘螨以及猫、狗和鸟类身上脱落的毛发。

污染水体的生物种类很多，其中有病毒、细菌、寄生虫等。

（1）病毒主要包括脊髓灰质炎病毒、柯萨基病毒及致肠细胞病变人孤儿病毒，还有腺病毒、呼肠孤病毒和肝炎病毒等。这些病毒一般存在于病人肠道，通过粪便污染水体，然后危害人体。

（2）细菌是污染水体的主要污染物，包括肠道细菌（大肠菌群、结核杆菌等）和病原菌（沙门氏菌、霍乱弧菌、结核菌等），这些细菌可导致人体患各种急性传染病，如伤寒、霍乱等疾病以及肠道疾病。

（3）寄生虫主要包括溶组织阿米巴、麦地那线虫、兰泊氏贾弟虫、血吸虫以及肠道的钩虫、蛔虫、鞭虫、姜片虫、蛲虫、猪肉绦虫、牛肉绦虫、短膜壳绦虫、细粒棘状绦虫等，它们通过动物或病人的粪便污染水体，再通过污染的水体、土壤等途径传播至人体。

31 什么是重金属污染？

重金属指比重（密度）大于4（或5）的金属约有45种，如铜、铅、锌、铁、钴、镍、钒等。从环境污染角度所说的重金属，实际上主要是指汞、镉、铅、铬以及类金属砷等生物毒性显著的重金属，也指具有一定毒性的一般重金属，如锌、铜、钴、镍、锡等。目前最引人关注的是汞、镉、铬等。这些重金属随废水排出时，即使浓度很小，也可能造成危害。

重金属污染指由重金属或其化合物造成的环境污染。主要由采

矿、废气排放、污水灌溉和使用重金属制品等人为因素所致。重金属污染有时会造成很大的危害，如日本发生的水俣病和骨痛病等公害病，都是由重金属污染引起的，所以应严格防止重金属污染。

重金属污染的特点主要表现在以下几方面：

（1）水体中的某些重金属可在微生物作用下转化为毒性更强的金属化合物，如汞的甲基化作用就是典型例子。

（2）生物从环境中摄取重金属可以经过食物链的生物放大作用，在较高级生物体内成千万倍地富集，然后通过食物进入人体，在人体的某些器官中积蓄起来造成慢性中毒，危害人体健康。

（3）在天然水体中只要有微量重金属即可产生毒性效应，一般重金属产生毒性的浓度在 1 ~ 10 mg/L 之间，毒性较强的金属如汞、镉等产生毒性的浓度在 0.01 ~ 0.001 mg/L 之间。

32 什么是农药污染？什么是化肥污染？什么是白色污染？

农药污染是因施用农药对环境和生物产生的污染。施药后，农药一部分附着在作物体上，或渗入到植株体内残留下来，使粮、菜、水果受到污染；另一部分落在土壤上，有时则是直接施在土壤中，使土壤受到污染。所施农药除部分被作物吸收外，剩余部分或是通过蒸发和飘散，污染空气，或是随雨水及农田排水流入河湖，造成水体污染。

农药通过水、气、食品，最终进入人体，引起各种急性危害和慢性危害。农药进入生态系统的物质循环后，可经食物链浓缩放大，杀死天敌，并使昆虫产生抗性，有时还会使生态平衡遭到破坏。易造成环境污染的农药主要是一些性质稳定、在环境或生物体内不易分解消失，又具有一定急性、慢性毒害的品种。

化肥污染是在农业生产中因施用大量化学肥料而引起水体、土壤和大气的污染。任何种类和形态的化肥，施用到农田土壤后都不可能全部被植物吸收和利用。化肥用量过大，或使用不当，或施用化肥后作物利用率不高，均可导致化肥大量流失，从而造成污染。

2019 年，我国化肥施用折纯量达 5403 多万 t，占世界总用量的 1/3，成为世界化肥生产和消费第一大国。化肥的施用有力推动了农作物增产，粮食增产中化肥的贡献超过 40%。但化肥过量、不均衡使用，也成为我国农业的一个主要特点，由此不仅降低了农产品质量，还会给环境带来严重污染。长江、黄河和珠江每年输出的溶解态无机氮成了近海赤潮形成的主要原因。目前化肥被视为仅次于农药的污染源，造成的危害也与农药旗鼓相当。

白色污染是指难降解的塑料垃圾造成的环境污染。白色污染包括塑料餐具杯盘、塑料袋、一次性聚丙烯快餐盒、塑料饮料瓶、酸奶杯、雪糕皮等。塑料不易降解，所含成分有潜在危害，且常见的塑料垃圾多为白色，所以叫白色污染。

我国是世界上十大塑料制品生产和消费国之一，所以“白色污染”日益严重。

33 什么是热污染？什么是酸污染？

热污染是指现代工业生产和生活中排放的废热所造成的环境污染。热污染可污染大气和水体。火力发电厂、核电站和钢铁厂的冷却系统排出的热水，以及石油、化工、造纸等工厂排出的生产性废水中均含有大量废热，这些废热排入地面水体之后，能使水温升高。

热污染首当其冲的受害者是水生生物，由于水温升高使水中溶解氧减少，水体处于缺氧状态，同时又使水生生物代谢率增高而需要更多的氧，造成一些水生生物在热效力作用下发育受阻或死亡，从而影响环境和生态平衡。

酸污染是指废水中排入酸性污染物导致水体性质发生改变的过程。这些酸性污染物排入水体会改变水体的 pH 值，干扰水体自净，并影响水生生物的生长和渔业生产；排入农田会改变土壤性质，使土地酸化或碱化，危害农作物；有的酸性污染物具有较强的腐蚀性，可腐蚀管道和构筑物。

酸性污染物主要来源于煤矿、金属（铜、铅、锌等）矿山废弃物以及向河流中排放酸性物质的企业。

34 什么是放射性（核）污染？

在自然界和人工生产的元素中，有一些能自动发生衰变，并放射出肉眼看不见的射线，这些元素统称为放射性元素或放射性物质。在自然状态下，来自宇宙的射线和地球环境本身的放射性元素一般不会给生物带来危害。自20世纪50年代以来，人类活动使人工辐射源和人工放射性物质大大增加，环境中的射线强度随之增强，危及生物的生存，从而产生了放射性污染。放射性污染很难消除，射线强度只能随时间的推移而衰减。

放射性污染主要来源于核武器试验、核工业的放射性废物排放、各种核事故泄漏以及各种带辐射源的装置（如X射线源和电视机显像管）等。放射性对生物的危害是十分严重的。放射性损伤有急性损伤和慢性损伤。如果人在短时间内受到大剂量的X射线、γ射线和中子的全身照射，就会产生急性损伤，轻者有脱毛、感染等症状；当剂量更大时，会出现腹泻、呕吐等肠胃损伤；在极高的剂量照射下，发生中枢神经损伤直至死亡。

35 什么是有毒有机物污染？什么是新污染物？

有毒有机污染物主要是指具有生物毒性的有机污染物质，它们不仅对生物和人类具有明显的毒性，能引起急、慢性中毒，有些有毒物质还能导致癌症、畸胎和细胞遗传基因突变，即“三致”作用。大多数有毒有机污染物都是人工合成的有机物，由于它们分子大，结构稳定，在自然环境中很难被微生物降解，残留时间长，因此对生态环境具有长期潜在的危害，是备受关注的一类污染物。由有毒有机污染物引起的污染称为有毒有机物污染。

有毒有机物主要包括以下几个方面：

（1）酚类化合物：浓度很低的酚类化合物就能使水具有酚味，并直接有害于鱼类和鱼类饵料生物，造成鱼类逃逸、鱼肉带酚味，甚至引起鱼类死亡。酚类化合物主要来自煤和木材的干馏，炼油厂、化工厂、牲畜饲料场、生活污水、农药等有机物的水解、化学氧化和生物降解。酚的氧化需要消耗大量的溶解氧。

（2）有机农药：如杀虫剂、杀菌剂、除草剂等，按其化学结构可分为有机氯、有机磷和有机汞三大类。

国务院办公厅关于印发新污染物治理行动方案的通知

（3）其他有机有毒物质：如多氯联苯、多环芳烃、芳香族氨基化合物及各种人工合成的高分子化合物（如塑料、合成橡胶、人造纤维等），它们进入环境后，由于自然界本不存在这些物质，环境对它们的代谢能力十分有限，加上其结构的稳定性和含有许多有害的基团，易在环境中积累，对生态系统造成威胁和破坏。

目前，国内外广泛关注的新污染物主要包括国际公约管控的持久性有机污染物、内分泌干扰物、抗生素等。有毒有害化学物质的生产和使用是新污染物的主要来源。2022 年，国务院办公厅印发了《关于新污染物治理行动方案的通知》（国办发〔2022〕15 号）。

新污染物具有生物毒性、环境持久性、生物累积性等特征，其来源比较广泛，危害比较严重，环境风险比较隐蔽，治理难度比较大。针对这些特征，需要突出精准、科学、依法治污，采取“筛、评、控”和“禁、减、治”的总体工作思路。即：通过开展化学物质环境风险筛查和评估，精准筛评出需要重点管控的新污染物，科学制定并依法实施全过程环境风险管控措施，包括对生产使用的源头禁限、过程减排、末端治理。

36 什么是二噁英污染？什么是PPCPs类新型污染物？

二噁英是一种无色无味的脂溶性物质，包括210种化合物，毒性是氰化物的130倍，砒霜的900倍，是目前世界上已知的有毒化合物中毒性最强的一种污染物。二噁英的致癌性质极强，还可能引起严重的皮肤病和伤及胎儿。微量二噁英摄入人体不会立即引起病变，但由于其稳定性极强，一旦摄入就无法排出。如长期食用含有二噁英的食物，这种剧毒成分就会蓄积下来，最终造成对人体的严重危害。

二噁英并非天然存在，而是由工业活动人为造成的。在工业化国家主要来自化学品杂质、城市垃圾（尤其是塑料袋）焚烧、纸张漂白及汽车尾气排放。

PPCPs 全称是药品和个人护理用品（Pharmaceu tical and Personal Care Products），是一种新型污染物，包括各类抗生素、人工合成麝香、止痛药、降压药、避孕药、催眠药、减肥药、发胶、染发剂和杀菌剂等。

PPCPs 作为一种新型污染物日益受到人们的关注。许多 PPCPs 组分具有较强的生物活性、旋光性和极性，大都以痕量浓度存在于环境中。兽类医药、农用医药、人类服用医药以及化妆品的使用是其导入环境的主要方式。由于该类物质在被去除的同时也在源源不断地被引入到环境中，人们还将其称为“伪持续性”污染物。

大多数 PPCPs 以原始或被转化形式排入到污水管网进入污水处理厂。如果处理不当的话，它们也会通过渗透等途径进入水体。进入水体的 PPCPs 会通过饮用水和食物危害人体。

37 什么是地下水污染?

地下水污染是由于人为因素造成地下水质恶化的现象。其原因主要有：工业废水向地下直接排放，受污染的地表水侵入到地下含水层中，人畜粪便或因过量使用农药而受污染的水渗入地下等。污染的结果是使地下水中的有害成分如酚、铬、汞、砷、放射性物质、细菌、有机物等的含量增高。污染的地下水对人体健康和工农业生产都有危害。

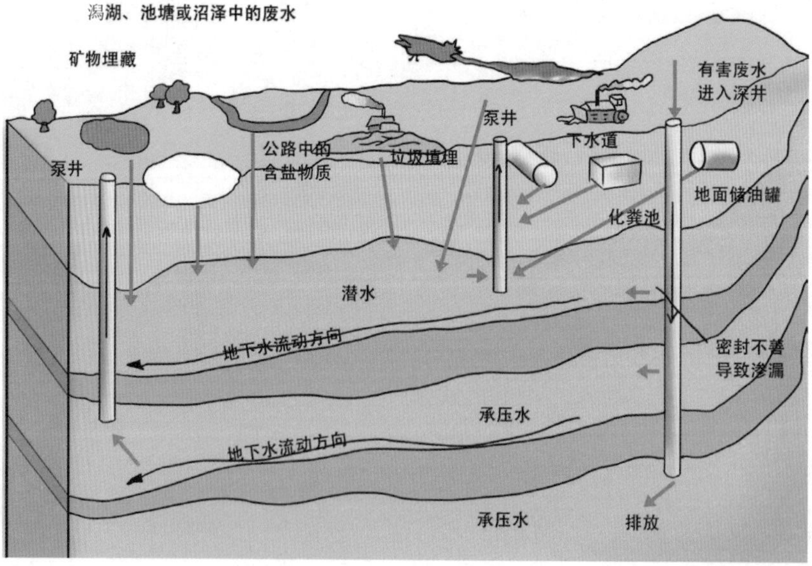

地下水污染具有过程缓慢、不易发现和难以治理的特点。地下水一旦受到污染，彻底消除其污染需十几年，甚至几十年才能使水质逐渐恢复变好。因此，必须采取措施，加强环境保护，做好“三废”的处理工作，防止地下水污染。

38 水污染是如何危害人体健康的？

被污染的水既可直接通过饮用或与皮肤接触危害人体健康，又可通过食用被污水灌溉的农作物和蔬菜水果危害人体健康。不同类型的水污染对人体健康的危害不同。

（1）生物性水污染：主要会导致一些传染病，饮用不洁水可引起伤寒、霍乱、细菌性痢疾、甲型肝炎等传染性疾病。此外，人们在不洁水中活动，水中病原体也可经皮肤、黏膜侵入机体，如血吸虫病、钩端螺旋体病等。

（2）化学性水污染：会致人体遗传物质突变，诱发肿瘤和造成胎儿畸形。被污染的水中如含有丙烯腈会致人体遗传物质突变；水中如含有砷、镍、铬等无机物和亚硝胺等有机污染物，可诱发肿瘤的形成；甲基汞等污染物可通过母体干扰正常胚胎发育过程，使胚胎发育异常而出现先天性畸形。据媒体报道，淮河流域中上游污染导致下游“癌症村”出现，肿瘤高发，引起国务院的高度重视。

（3）物理性水污染：如噪声污染对人听觉器官和非听觉器官的损伤；超量的电磁辐射会造成人体神经衰弱、食欲下降、心悸胸闷、头晕目眩等“电磁波过敏症”，甚至引发脑部肿瘤。

39 污水可以自然净化吗？

污水排入水体后，一方面对水体产生污染；另一方面水体本身也具有一定的净化污水能力，即经过水体的物理、化学与生物作用，使污水中污染物的浓度得以降低，并在微生物的作用下进行污染物的分解和降解，经过一段时间后，水体往往能恢复到受污染前的状态，从而使水体由不清洁恢复为清洁，这一过程称为水体的自净过程。

但水体的自然净化能力是有限的，一旦排入水体的污染物超过水体自然净化能力，水体就会变得越来越脏、越来越臭。因此，要用多种措施控制水体污染，不要等到污染了再去治理，那将是得不偿失的。

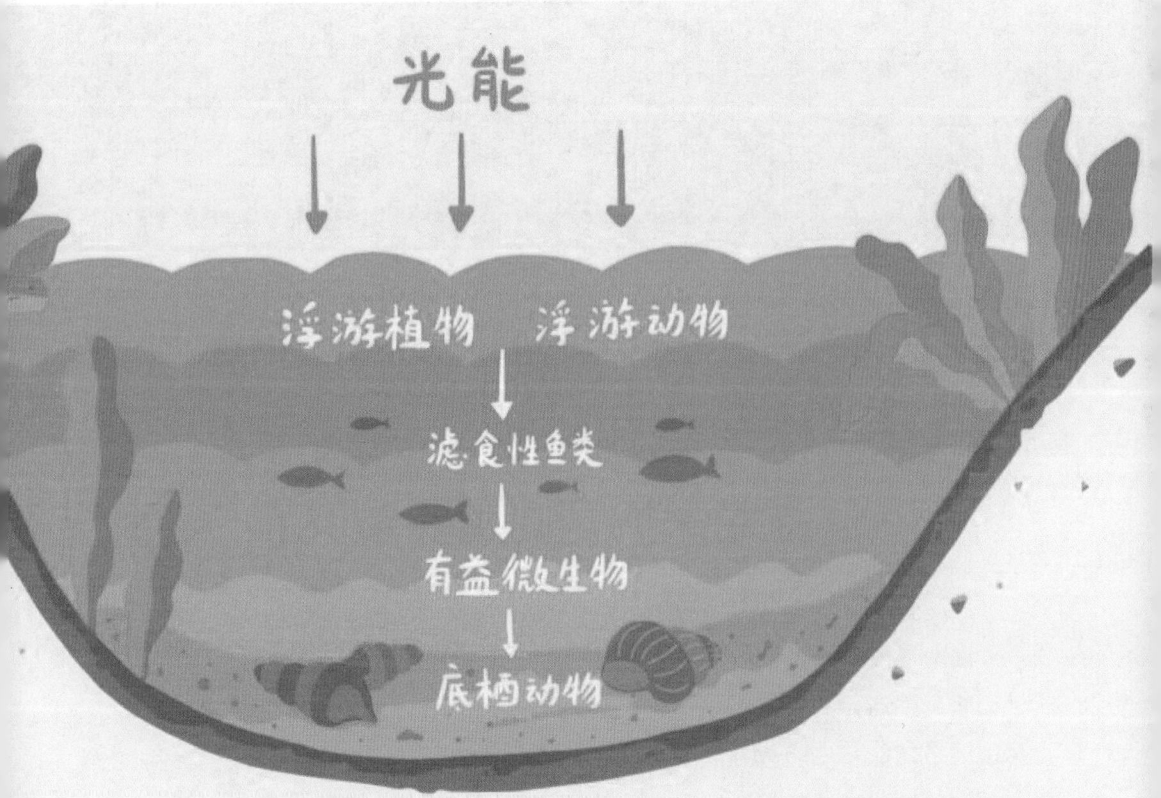
光能
浮游植物
浮游动物
滤食性鱼类
有益微生物
底栖动物

40 什么是湿地？湿地保护有何重要意义？

湿地是人类最重要的环境资本之一，也是自然界富有生物多样性和较高生产力的生态系统。它不但具有丰富的资源，还有巨大的环境调节功能和生态效益。各类湿地在提供水资源、调节气候、涵养水源、均化洪水、促淤造陆、降解污染物、保护生物多样性和为人类提供生产、生活资源方面发挥了重要作用。

世界上天然湿地的面积仅占地球表面的 6%，却为地球上 20%

的已知物种提供了生存环境，具有不可替代的生态功能，因此，享有“地球之肾”的美誉。

我国湿地维持着约 2.7 万亿 t 淡水，占全国可利用淡水资源总量的 96%。因此，保护湿地就是保护水生态、水环境和水资源，现实意义巨大。

41 为什么要建人工湿地？

说起污水治理，在人们的印象中，首先想到的一定是纵横交错的污水管道，大大小小的污水池。但您是否相信，种上一大片花花草草，利用大自然的力量，同样可以起到很好的治理作用呢？人工湿地就是这样一个集美观与实用一体的污水处理系统。

具体来说，人工湿地是由人工建造并监督控制的，利用生态系统中的物理、化学和生物的三重协同作用，通过过滤、吸附、沉淀、离子交换、植物吸收和微生物分解实现对污水高效净化的一种生态

工程，是目前国际上较多采用的处理污水的一种工艺。人工湿地是一个综合的生态系统，人们利用它的生态系统中物种共生、物质循环再生原理，达到了良好的内部循环目标，具有显著的经济效益、生态效益和社会效益。

人工湿地污水处理与资源化技术较适合于广大农村，中小城镇的污水处理，在我国具有极其广阔的应用前景。

42 为什么要建污水处理厂？

污水处理厂是指从污染源排出的污（废）水，因含污染物总量或浓度较高，达不到排放标准要求或环境容量的要求，统一收集后经过人工强化处理，能达到设定的排放标准的处理场所。污水处理厂作为一项最基本的城镇公用设施和环保设施，其直接创造的经济效益也许比不上自来水、高速公路、地铁等市政设施，但间接创造的社会效益不可低估。污水处理厂可以改善区域水环境、提高居民生活质量，有些区域水环境的改善还带动了周边的房地产开发建设，收到了很好的经济效益。

污水处理厂可分为城市集中污水处理厂和各污染源的分散污水处理厂。经处理后的污水排入水体或排入城市管道。有时，为了循环利用废水资源，提高污水处理厂的出水水质，则需建设污水回用或循环利用污水处理厂。

从处理深度上讲，污水处理厂工艺有一级、二级、三级或深度处理。污水处理厂的设计内容包括各种不同处理的构筑物、附属建筑物、管道的平面和高程设计并进行道路、绿化、管道综合、厂区给排水、污泥处置及处理系统管理自动化等设计。通过上述设计以及施工，以保证污水处理厂达到处理效果稳定，运行管理方便，投资运行省费用等各种要求。

43 水质监测指标是如何分类的？如何监测水体中的污染物质？

不同用水对水质的要求不一。水质的好坏通过水质指标来衡量，水质指标种类繁多，多达上百种，可分为物理的、化学的和生物的三大类。

（1）物理性水质指标：包括感官物理性状态指标：如温度、色度、臭和味、浑浊度、透明度等；其他物理性水质指标：如总固体、悬浮固体、溶解性固体、可沉固体、电导率（电阻率）等。

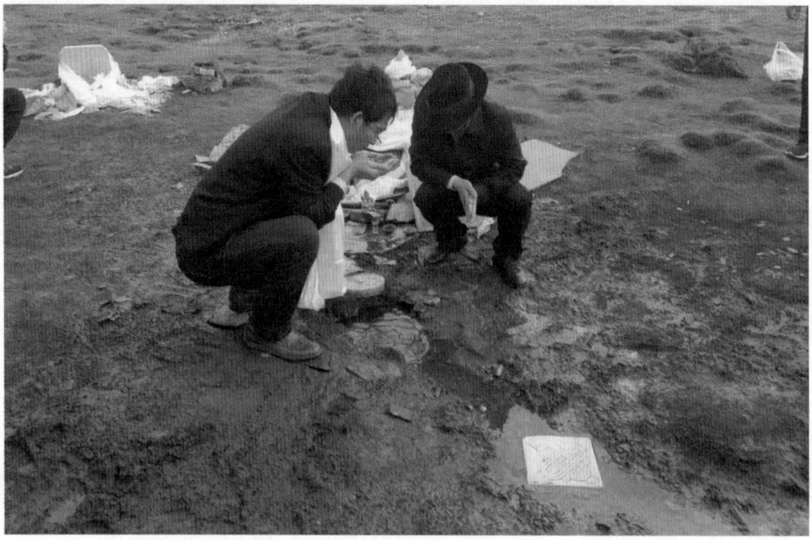

（2）化学性水质指标：包括一般化学性水质指标：如 pH 值、碱度、硬度、各种阳离子、各种阴离子、总含碱量、一般有机物质等；有毒化学性水质指标：如各种重金属、氰化物、多环芳烃、各种农药等；氧平衡指标：如溶解氧（DO）、化学需氧量（COD）、生化需氧量（BOD）、总需氧量（TOD）等。

（3）生物性水质指标：一般包括细菌总数、总大肠菌群数、各种病原细菌、病毒等。

对水质进行监测，首先需确定监测项目，如地表水的监测需根据《地表水环境质量标准》（GB 3838—2002）来确定优先监测物、必测项目与选测项目，然后去水体实地取样，部分指标需现场实测，多数指标需带回实验室进行分析检测。

水质监测的方法主要依据国家标准、统一分析方法或行业标准方法。某些项目的监测尚无“标准”和“统一”分析方法时，可采用 ISO、美国 EPA 和日本 JIS 方法体系中的相关等效分析方法，但需经过验证合格，其检出限、准确度和精密度应能达到质量控制要求。

44 评价水体质量的感官性状指标有哪些？

水质感官性状指标主要有色度、臭和味、浑浊度、透明度等。根据水质的感官性状，也可说明水体是否受到污染。

（1）色度：清洁的水无色。影响水色的因素很多，如流经沼泽地带的地面水，因含腐殖质呈棕黄色；水中大量藻类生长时，呈绿色、红色或黄绿色；含低铁盐的深层地下水，析出后因低铁被氧化成高铁而呈现黄褐色。水体受工业废水污染后，可呈现该工业废水所特有的颜色。

（2）臭和味：清洁水无异味。天然水出现异味，常与盐类过量的溶入有关，如含过量氯化物带咸味；硫酸钠或硫酸镁过多时呈苦味；铁盐多时有涩味。受生活污水、工业废水污染后可呈现各种异味。

（3）透明度：水的浑浊与透明程度是悬浮于水中的胶体颗粒产生的散射现象。浑浊度主要取决于胶体颗粒的种类、大小、形状和折射指数，而与水中悬浮物含量（重量）的关系较小。

色度
透明度
浑浊度
臭和味

45 什么是溶解氧？什么是需氧量？

溶解氧是指溶解于水中的氧量，通常记作 DO，用每升水里氧气的毫克数表示（O_2mg/L）。水中溶解氧的多少是衡量水体自净能力的一个指标。它跟空气里氧的分压、大气压、水温和水质有密切关系。在 20℃、100kPa 下，纯水的溶解氧约为 9mg/L。有些有机化合物在喜氧菌作用下发生生物降解，要消耗水里的溶解氧。当水中的溶解氧降到 5mg/L 时，一些鱼类就会呼吸困难。

水里的溶解氧由于空气里氧气的融入及绿色水生植物的光合作用会不断得到补充。但当水体受到有机物污染，耗氧严重，且得不到及时补充时，水体中的厌氧菌就会很快繁殖，有机物因腐败而使水体变黑、发臭。

水里的溶解氧被消耗，要恢复到初始状态，所需时间短，说明该水体的自净能力强，或者说水体污染不严重。否则说明水体污染严重，自净能力弱，甚至失去自净能力。

需氧量，一般分为生物需氧量和化学需氧量。

（1）**生物需氧量**：又称生化耗氧量（Biochemical Oxygen Demand，BOD），生物需氧量是间接表示水中有机物污染程度的一个重要指标。水中有机物在微生物的生化作用下分解成简单的化合物，这一过程所需的氧量为生化需氧量。常用的是以5天为期的需氧量，故用BOD_5来表示，其单位为mg/L。其值越高，说明水中有机污染物质越多，污染也就越严重。

（2）**化学需氧量**：又称化学耗氧量（Chemical Oxygen Demand，COD），是在一定条件下，采用一定量的强氧化剂处理水样时，所消耗的氧化剂量，它是表示水中还原性物质多少的一个指标。水中的还原性物质有各种有机物、亚硝酸盐、硫化物、亚铁盐等，但主要的是有机物。因此，化学需氧量又往往作为衡量水中有机物质含量多少的指标。化学需氧量越大，说明水体受有机物的污染越严重。

46 防污与节水有何关系?

水污染防治工作直接关系到江河湖库的健康和人民群众的饮水安全。水污染不但造成水环境恶化，而且造成有限水资源的极大浪费。因此，防污治污（可称之为“洁水”）增加了可用水资源量。从另一个角度来看，就是一项很大的间接节水举措，尤其是在水资源相对丰富、经济较为发达的南方地区。

节水是环境与生态保护的重要组成部分，生产和生活用水的节约将直接减少污水排放量，节水与洁水是治污的最有效手段之一。据统计，一般情况下，每使用 1t 生活和工业用水，就要排出 0.7 ~ 0.8t 的污水。农业节水还可以减少农药和化肥的流失，从而减少由此带来的水污染问题。所以，节水政策应与防污治污规划密切协调。

防污和节水的目标是一致的，而且是相互促进的。在当前水资源短缺和水污染严峻的形势下，把水资源管理的重心放在合理配置、全面节约和防治污水方面，以推进节水防污型社会建设。

二、水污染防治

法律法规与标准规范

47 《中华人民共和国水法》是哪年制定和修订的？

中华人民共和国水法（1988 年发布，2002 年修订，2009 年修正，2016 年修正）

《中华人民共和国水法》是为了合理开发、利用、节约和保护水资源，防治水害，实现水资源的可持续利用，适应国民经济和社会发展的需要而制定的法规。

1988 年 1 月 21 日，经由第六届全国人民代表大会常务委员会第二十四次会议通过，自 1988 年 7 月 1 日起施行。2002 年 8 月 29 日，第九届全国人民代表大会常务委员会第二十九次会议修订。修正了二次，分别是根据 2009 年 8 月 27 日第十一届全国人民代表大会常务委员会第十次会议《关于修改部分法律的决定》第一次修正；根据 2016 年 7 月 2 日第十二届全国人民代表大会常务委员会第二十一次会议《关于修改〈中华人民共和国节约能源法〉等六部法律的决定》第二次修正。

修订修正后的《中华人民共和国水法》共计 8 章 82 条。

48 《中华人民共和国水法》对水资源保护是如何规定的?

《中华人民共和国水法》在第一章和第四章中强调了水资源的保护。

第一章　总　　则

第一条　为了合理开发、利用、节约和保护水资源，防治水害，实现水资源的可持续利用，适应国民经济和社会发展的需要，制定本法。

第四条　开发、利用、节约、保护水资源和防治水害，应当全面规划、统筹兼顾、标本兼治、综合利用、讲求效益，发挥水资源的多种功能，协调好生活、生产经营和生态环境用水。

第六条　国家鼓励单位和个人依法开发、利用水资源，并保护其合法权益。开发、利用水资源的单位和个人有依法保护水资源的义务。

第九条　国家保护水资源，采取有效措施，保护植被，植树种草，涵养水源，防治水土流失和水体污染，改善生态环境。

第十条　国家鼓励和支持开发、利用、节约、保护、管理水资源和防治水害的先进科学技术的研究、推广和应用。

第十一条　在开发、利用、节约、保护、管理水资源和防治水害等方面成绩显著的单位和个人，由人民政府给予奖励。

第十三条 国务院有关部门按照职责分工，负责水资源开发、利用、节约和保护的有关工作。

县级以上地方人民政府有关部门按照职责分工，负责本行政区域内水资源开发、利用、节约和保护的有关工作。

第四章 水资源、水域和水工程的保护

第三十条 县级以上人民政府水行政主管部门、流域管理机构以及其他有关部门在制定水资源开发、利用规划和调度水资源时，应当注意维持江河的合理流量和湖泊、水库以及地下水的合理水位，维护水体的自然净化能力。

第三十一条 从事水资源开发、利用、节约、保护和防治水害等水事活动，应当遵守经批准的规划；因违反规划造成江河和湖泊水域使用功能降低、地下水超采、地面沉降、水体污染的，应当承担治理责任。

开采矿藏或者建设地下工程，因疏干排水导致地下水水位下降、水源枯竭或者地面塌陷，采矿单位或者建设单位应当采取补救措施；对他人生活和生产造成损失的，依法给予补偿。

第三十二条 国务院水行政主管部门会同国务院环境保护行政主管部门、有关部门和有关省、自治区、直辖市人民政府，按照流域综合规划、水资源保护规划和经济社会发展要求，拟定国家确定的重要江河、湖泊的水功能区划，报国务院批准。跨省、自治区、

直辖市的其他江河、湖泊的水功能区划，由有关流域管理机构会同江河、湖泊所在地的省、自治区、直辖市人民政府水行政主管部门、环境保护行政主管部门和其他有关部门拟定，分别经有关省、自治区、直辖市人民政府审查提出意见后，由国务院水行政主管部门会同国务院环境保护行政主管部门审核，报国务院或者其授权的部门批准。

前款规定以外的其他江河、湖泊的水功能区划，由县级以上地方人民政府水行政主管部门会同同级人民政府环境保护行政主管部门和有关部门拟定，报同级人民政府或者其授权的部门批准，并报上一级水行政主管部门和环境保护行政主管部门备案。

县级以上人民政府水行政主管部门或者流域管理机构应当按照水功能区对水质的要求和水体的自然净化能力，核定该水域的纳污能力，向环境保护行政主管部门提出该水域的限制排污总量意见。

县级以上地方人民政府水行政主管部门和流域管理机构应当对水功能区的水质状况进行监测，发现重点污染物排放总量超过控制指标的，或者水功能区的水质未达到水域使用功能对水质的要求的，应当及时报告有关人民政府采取治理措施，并向环境保护行政主管部门通报。

第三十三条 国家建立饮用水水源保护区制度。省、自治区、直辖市人民政府应当划定饮用水水源保护区，并采取措施，防止水源枯竭和水体污染，保证城乡居民饮用水安全。

第三十四条 禁止在饮用水水源保护区内设置排污口。

在江河、湖泊新建、改建或者扩大排污口，应当经过有管辖权的水行政主管部门或者流域管理机构同意，由环境保护行政主管部门门负责对该建设项目的环境影响报告书进行审批。

第三十五条 从事工程建设，占用农业灌溉水源、灌排工程设施，或者对原有灌溉用水、供水水源有不利影响的，建设单位应当采取相应的补救措施；造成损失的，依法给予补偿。

第三十六条 在地下水超采地区，县级以上地方人民政府应当采取措施，严格控制开采地下水。在地下水严重超采地区，经省、自治区、直辖市人民政府批准，可以划定地下水禁止开采或者限制开采区。在沿海地区开采地下水，应当经过科学论证，并采取措施，防止地面沉降和海水入侵。

第三十七条 禁止在江河、湖泊、水库、运河、渠道内弃置、堆放阻碍行洪的物体和种植阻碍行洪的林木及高秆作物。

禁止在河道管理范围内建设妨碍行洪的建筑物、构筑物以及从事影响河势稳定、危害河岸堤防安全和其他妨碍河道行洪的活动。

第三十八条 在河道管理范围内建设桥梁、码头和其他拦河、跨河、临河建筑物、构筑物，铺设跨河管道、电缆，应当符合国家规定的防洪标准和其他有关的技术要求，工程建设方案应当依照防洪法的有关规定报经有关水行政主管部门审查同意。

因建设前款工程设施，需要扩建、改建、拆除或者损坏原有水工程设施的，建设单位应当负担扩建、改建的费用和损失补偿。但是，原有工程设施属于违法工程的除外。

第三十九条 国家实行河道采砂许可制度。河道采砂许可制度实施办法，由国务院规定。

在河道管理范围内采砂，影响河势稳定或者危及堤防安全的，有关县级以上人民政府水行政主管部门应当划定禁采区和规定禁采期，并予以公告。

第四十条 禁止围湖造地。已经围垦的，应当按照国家规定的防洪标准有计划地退地还湖。

禁止围垦河道。确需围垦的，应当经过科学论证，经省、自治区、直辖市人民政府水行政主管部门或者国务院水行政主管部门同意后，报本级人民政府批准。

第四十一条 单位和个人有保护水工程的义务，不得侵占、毁坏堤防、护岸、防汛、水文监测、水文地质监测等工程设施。

第四十二条 县级以上地方人民政府应当采取措施，保障本行政区域内水工程，特别是水坝和堤防的安全，限期消除险情。水行政主管部门应当加强对水工程安全的监督管理。

第四十三条 国家对水工程实施保护。国家所有的水工程应当按照国务院的规定划定工程管理和保护范围。

国务院水行政主管部门或者流域管理机构管理的水工程，由主管部门或者流域管理机构商有关省、自治区、直辖市人民政府划定工程管理和保护范围。

前款规定以外的其他水工程，应当按照省、自治区、直辖市人民政府的规定，划定工程保护范围和保护职责。

在水工程保护范围内，禁止从事影响水工程运行和危害水工程安全的爆破、打井、采石、取土等活动。

49 《中华人民共和国水污染防治法》是哪年制定和修订的？其包括哪些内容？

《中华人民共和国水污染防治法》是为了保护和改善环境，防治水污染，保护水生态，保障饮用水安全，维护公众健康，推进生态文明建设，促进经济社会可持续发展而制定的法律。1984 年 5 月 11 日，第六届全国人民代表大会常务委员会第五次会议通过。

根据 1996 年 5 月 15 日第八届全国人民代表大会常务委员会第十九次会议《关于修改〈中华人民共和国水污染防治法〉的决定》第一次修正；2008 年 2 月 28 日，第十届全国人民代表大会常务委员会第三十二次会议修订；根据 2017 年 6 月 27 日第十二届全国人民代表大会常务委员会第二十八次会议《关于修改〈中华人民共和国水污染防治法〉的决定》第二次修正。

《中华人民共和国水污染防治法》，共计 8 章 103 条，每章的题目如下：

第一章　总则

第二章　水污染防治的标准和规划

第三章　水污染防治的监督管理

第四章　水污染防治措施

　　第一节　一般规定

　　第二节　工业水污染防治

　　第三节　城镇水污染防治

　　第四节　农业和农村水污染防治

　　第五节　船舶水污染防治

第五章　饮用水水源和其他特殊水体保护

第六章　水污染事故处置

第七章　法律责任

第八章　附则

中华人民共和国水污染防治法（1984 年发布，1996 年修正，2008 年修订，2017 年修正）

50 《中华人民共和国水污染防治法》对水源保护是如何规定的？

《中华人民共和国水污染防治法》在第一章和第五章中对水源保护进行了规定。

第一章　总　　则

第一条　为了保护和改善环境，防治水污染，保护水生态，保障饮用水安全，维护公众健康，推进生态文明建设，促进经济社会可持续发展，制定本法。

第五章　饮用水水源和其他特殊水体保护。其中涉及水源保护的共有 13 条。

51

《水污染防治行动计划》（简称《水十条》）是哪年颁布的？其重要意义是什么？

《水污染防治行动计划》（简称《水十条》），是为切实加大水污染防治力度，保障国家水安全而制定的法规。

2015年2月，中央政治局常务委员会会议审议通过《水十条》，2015年4月2日，国务院以国发〔2015〕17号文正式下达“国务院关于印发水污染防治行动计划的通知”，2015年4月16日发布，即日起实施。

该行动计划确定了十个方面的措施：一是全面控制污染物排放；二是推动经济结构转型升级；三是着力节约保护水资源；四是强化科技支撑；五是充分发挥市场机制作用；六是严格环境执法监管；七是切实加强水环境管理；八是全力保障水生态环境安全；九是明确和落实各方责任；十是强化公众参与和社会监督。

《水十条》的颁布实施是我国环境保护领域的重大举措，充分彰显了国家全面实施水治理战略的决心和信心。它是建设生态文明和美丽中国的应有之义；落实依法治国，推进依法治水的具体方略；适应经济新常态的迫切需要；实施铁腕治污，向水污染宣战的行动纲领；推进水环境管理战略转型的路径平台；推动稳增长、促改革、调结构、惠民生的必然要求。

52 《关于全面推行河长制的意见》是哪年印发的？

2016 年 10 月 11 日，习近平总书记主持召开的深改组第 28 次会议通过了《关于全面推行河长制的意见》。会议强调，保护江河湖泊，事关人民群众福祉，事关中华民族长远发展。全面推行河长制，目的是贯彻新发展理念，以保护水资源、防治水污染、改善水环境、修复水生态为主要任务，构建责任明确、协调有序、监管严格、保护有力的河湖管理保护机制，为维护河湖健康生命、实现河湖功能永续利用提供制度保障。要加强对河长的绩效考核和责任追究，对造成生态环境损害的，严格按照有关规定追究责任。

2016 年 11 月 28 日，中共中央办公厅、国务院办公厅正式印发了《关于全面推行河长制的意见》的通知。

2017 年的元旦，习近平总书记在新年贺词中也指出“每条河流要有‘河长’了”的号令 。截至 2018 年 6 月底，全国 31 个省（自治区、直辖市）已全面建立河长制，共明确省、市、县、乡四级河长 30 多万名，另有 29 个省份设立村级河长 76 万多名，打通了河长制“最后一公里”。

水利部关于印发河长湖长履职规范（试行）的通知

中共中央办公厅 国务院办公厅印发《关于全面推行河长制的意见》的通知

河长制的六大任务是什么？ 53

河长制六大任务可以概括为“三治三管”，即水污染防治、水环境治理、水生态治理（水生态修复也是治理之一），水资源管理、河湖岸线管理和执法监督管理。

（1）加强水资源保护。落实最严格水资源管理制度，严守水资源开发利用控制、用水效率控制、水功能区限制纳污“三条红线”，强化地方各级政府责任，严格考核评估和监督。实行水资源消耗总量和强度双控行动，防止不合理新增取水，切实做到以水定需、量水而行、因水制宜。坚持节水优先，全面提高用水效率，水资源短缺地区、生态脆弱地区要严格限制发展高耗水项目，加快实施农业、工业和城乡节水技术改造，坚决遏制用水浪费。严格水功能区管理监督，根据水功能区划确定的河流水域纳污容量和限制排污总量，落实污染物达标排放要求，切实监管入河湖排污口，严格控制入河湖排污总量。

（2）加强河湖水域岸线管理保护。严格水域岸线等水生态空间管控，依法划定河湖管理范围。落实规划岸线分区管理要求，强化岸线保护和节约集约利用。严禁以各种名义侵占河道、围垦湖泊、非法采砂，对岸线乱占滥用、多占少用、占而不用等突出问题开展清理整治，恢复河湖水域岸线生态功能。

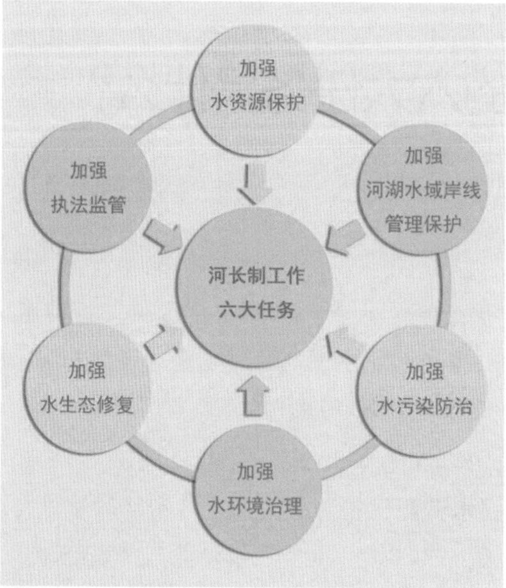

（3）加强水污染防治。落实《水污染防治行动计划》，明确河湖水污染防治目标和任务，统筹水上、岸上污染治理，完善入河湖排污管控机制和考核体系。排查入河湖污染源，加强综合防治，严格治理工矿企业污染、城镇生活污染、畜禽养殖污染、水产养殖污染、农业面源污染、船舶港口污染，改善水环境质量。优化入河湖排污口布局，实施入河湖排污口整治。

（4）加强水环境治理。强化水环境质量目标管理，按照水功能区确定各类水体的水质保护目标。切实保障饮用水水源安全，开展饮用水水源规范化建设，依法清理饮用水水源保护区内违法建筑和排污口。加强河湖水环境综合整治，推进水环境治理网格化和信息化建设，建立健全水环境风险评估排查、预警预报与响应机制。结合城市总体规划，因地制宜建设亲水生态岸线，加大黑臭水体治理力度，实现河湖环境整洁优美、水清岸绿。以生活污水处理、生活垃圾处理为重点，综合整治农村水环境，推进美丽乡村建设。

（5）加强水生态修复。推进河湖生态修复和保护，禁止侵占自然河湖、湿地等水源涵养空间。在规划的基础上稳步实施退田还湖还湿、退渔还湖，恢复河湖水系的自然连通，加强水生生物资源养护，提高水生生物多样性。开展河湖健康评估。强化山水林田湖系统治理，加大江河源头区、水源涵养区、生态敏感区保护力度，对三江源区、南水北调水源区等重要生态保护区实行更严格的保护。积极推进建立生态保护补偿机制，加强水土流失预防监督和综合整治，建设生态清洁型小流域，维护河湖生态环境。

（6）加强执法监管。建立健全法规制度，加大河湖管理保护监管力度，建立健全部门联合执法机制，完善行政执法与刑事司法衔接机制。建立河湖日常监管巡查制度，实行河湖动态监管。落实河湖管理保护执法监管责任主体、人员、设备和经费。严厉打击涉河湖违法行为，坚决清理整治非法排污、设障、捕捞、养殖、采砂、采矿、围垦、侵占水域岸线等活动。

54 近年来，中共中央和国务院发布了哪些与生态环境相关的政策文件？

近年来，中共中央和国务院发布的与生态环境相关的政策文件主要有：

关于深入打好污染防治攻坚战的意见，中共中央、国务院，2021

黄河流域生态保护和高质量发展规划纲要，中共中央、国务院印发，2021

关于深化生态保护补偿制度改革的意见，中共中央办公厅、国务院办公厅发布，2021

省（自治区、直辖市）污染防治攻坚战成效考核措施，中共中央办公厅、国务院办公厅印发，2020

关于构建现代环境治理体系的指导意见，中共中央办公厅、国务院办公厅印发，2020

中央生态环境保护督察工作规定，中共中央办公厅、国务院办公厅印发，2019

关于全面加强生态环境保护 坚决打好污染防治攻坚战的意见，中共中央、国务院，2018

农村人居环境整治三年行动方案，中共中央办公厅、国务院办公厅印发，2018

关于在湖泊实施湖长制的指导意见，中共中央办公厅、国务院

中共中央
国务院关于深入打好污染防治攻坚战的意见

办公厅印发，2018

生态环境损害赔偿制度改革方案，中共中央办公厅、国务院办公厅印发，2017

关于深化环境监测改革提高环境监测数据质量的意见，中共中央办公厅、国务院办公厅印发，2017

关于建立资源环境承载能力监测预警长效机制的若干意见，中共中央办公厅、国务院办公厅印发，2017

关于划定并严守生态保护红线的若干意见，中共中央办公厅、国务院办公厅印发，2017

关于省以下环保机构监测监察执法垂直管理制度改革试点工作的指导意见，中共中央办公厅、国务院办公厅印发，2016

关于全面推行河长制的意见，中共中央办公厅、国务院办公厅印发，2016

生态环境损害赔偿制度改革试点方案，中共中央办公厅、国务院办公厅印发，2015

党政领导干部生态环境损害责任追究办法（试行），中共中央办公厅、国务院办公厅印发，2015

关于加快推进生态文明建设的意见，中共中央、国务院，2015

55 近年来，国务院发布的与水污染防治和水资源保护相关的法规及法规性文件主要有哪些？

近年来，国务院发布的与水污染防治和水资源保护相关的法规和法规性文件主要有：

地下水管理条例，国务院令第 748 号，2021

排污许可管理条例，国务院令第 736 号，2021

南水北调工程供用水管理条例，国务院令第 647 号，2014

畜禽规模养殖污染防治条例，国务院令第 643 号，2013

城镇排水与污水处理条例，国务院令第 641 号，2013

太湖流域管理条例，国务院令第 604 号，2011

全国污染源普查条例，国务院令第 508 号，2007；2019 年修订

淮河流域水污染防治暂行条例，国务院令第 183 号，1995；2011 年修订

水污染防治行动计划（简称《水十条》），国务院发布，2015

新污染物治理行动方案的通知，国务院办公厅，2022

关于鼓励和支持社会资本参与生态保护修复的意见，国务院办公厅，2021

关于同意调整完善全面推行河湖长制工作部际联席会议制度的

国务院办公厅关于同意调整完善全面推行河湖长制工作部际联席会议制度的函

函，国务院办公厅，2021

关于加强城市内涝治理的实施意见，国务院办公厅，2021

关于加快建立健全绿色低碳循环发展经济体系的指导意见，国务院，2021

关于切实做好长江流域禁捕有关工作的通知，国务院办公厅，2020

控制污染物排放许可制实施方案，国务院办公厅，2016

关于印发生态环境监测网络建设方案的通知，国务院办公厅，2015

关于印发国家突发环境事件应急预案的通知，国务院办公厅，2014

关于推行环境污染第三方治理的意见，国务院办公厅，2014

关于加强环境监管执法的通知，国务院办公厅，2014

关于进一步推进排污权有偿使用和交易试点工作的指导意见，国务院办公厅，2014

关于改善农村人居环境的指导意见，国务院办公厅，2014

关于印发实行最严格水资源管理制度考核办法的通知，国务院办公厅，2013

关于实行最严格水资源管理制度的意见，国务院，2012

关于加强环境保护重点工作的意见，国务院，2011

56 近年来，生态环境部发布了哪些水污染防治和水环境保护方面的文件及政策？

近年来，生态环境部发布的相关水污染防治和水环境保护方面的文件和政策如下：

关于加强排污许可执法监管的指导意见，2022

关于进一步加强重金属污染防控的意见，2022

关于发布《排放源统计调查产排污核算方法和系数手册》的公告，2021

关于加强生态环境保护综合行政执法队伍建设的实施意见，2021

人工湿地水质净化技术指南，2021

关于进一步规范城镇（园区）污水处理环境管理的通知，2020

生态环境部 水利部关于建立跨省流域上下游突发水污染事件联防联控机制的指导意见，2020

关于发布2019年《国家先进污染防治技术目录（水污染防治领域）》的公告，2020

关于发布《第二次全国污染源普查公报》的公告，2020

关于开展水环境承载力评价工作的通知，2020

关于做好入河排污口和水功能区划相关工作的通知，2019

关于发布《有毒有害水污染物名录（第一批）》的公告，2019

关于印发地下水污染防治实施方案的通知，五部委联合印发，2019

长江保护修复攻坚战行动计划，2018

关于发布《集中式地表水饮用水水源地突发环境事件应急预案编制指南（试行）》的公告，2018

关于印发农业农村污染治理攻坚战行动计划的通知，2018

关于印发《重点流域水生生物多样性保护方案》的通知，2018

关于印发《重点流域水污染防治规划（2016—2020 年）》的通知，2017

关于落实《水污染防治行动计划》实施区域差别化环境准入的指导意见，2016

关于印发《排污许可证管理暂行规定》的通知，2016

关于印发《“十三五”国家地表水环境质量监测网设置方案》的通知，2016

突发环境事件应急管理办法，2015

江河湖泊生态环境保护系列技术指南，2014

环境污染治理设施运营资质许可管理办法，2012

饮用水水源保护区污染防治管理规定，国家环保局、卫生部、

建设部、水利部、地矿部（89）环管字第201号，1989年发布，2010年修正

黄金工业污染防治技术政策，2020

饮料酒制造业污染防治技术政策，2018

船舶水污染防治技术政策，2018

造纸工业污染防治技术政策，2017

火电厂污染防治技术政策，2017

制糖工业污染防治技术政策，2016

铅蓄电池再生及生产污染防治技术政策，2016

废电池污染防治技术政策，2016

水泥窑协同处置固体废物污染防治技术政策，2016

重点行业二噁英污染防治技术政策，2015

合成氨工业污染防治技术政策，2015

砷污染防治技术政策，2015

铬盐工业污染防治技术政策，2015

汞污染防治技术政策，2015

57 近年来，水利部发布了哪些水资源与河湖管理方面的规章和规范性文件？

近年来,水利部发布的水资源与河湖管理方面的规章和规范性文件有:

水文监测资料汇交管理办法，水利部令第 51 号发布，2020

水文监测环境和设施保护办法，水利部令第 43 号发布，2011；2015 年修正

取水许可管理办法，水利部令第 34 号发布，2008；2017 年第二次修正

三峡水库调度和库区水资源与河道管理办法，水利部令第 35 号发布，2008；2017 年修正

长江河道采砂管理条例实施办法，水利部令第 19 号发布，2003；2016 年第三次修正

建设项目水资源论证管理办法，水利部、国家计委第 15 号令发布，2002；2017 年第二次修正

河道管理范围内建设项目管理的有关规定，水利部、国家计委水政〔1992〕7 号发布，1992；2017 年修正

关于印发“十四五”时期复苏河湖生态环境实施方案的通知，2021

关于复苏河湖生态环境的指导意见，2021

关于实施黄河流域深度节水控水行动的意见，2021

关于做好农村供水保障工作的指导意见，九部委联合印发，2021

关于强化取水口取水监测计量的意见，2021

一图读懂《国家节水行动方案》

关于印发河长湖长履职规范（试行）的通知，2021

关于进一步加强水资源论证工作的意见，2020

关于进一步加强河湖管理范围内建设项目管理的通知，2020

于做好河湖生态流量确定和保障工作的指导意见，2020

关于印发河湖管理监督检查办法（试行）的通知，2019

关于印发水资源管理监督检查办法（试行）的通知，2019

关于开展规划和建设项目节水评价工作的指导意见，2019

关于河道采砂管理工作的指导意见，2019

关于推动河长制从“有名”到“有实”的实施意见的通知，2018

关于加快推进河湖管理范围划定工作的通知，2018

关于明确全国河湖“清四乱”专项行动问题认定及清理整治标准的通知，2018

水利部贯彻落实《关于在湖泊实施湖长制的指导意见》的通知，2018

关于进一步加强饮用水水源地保护和管理的意见，2016

关于印发全国重要饮用水水源地名录（2016 年）的通知，2016

关于加强水资源用途管制的指导意见，2016

关于加强重点监控用水单位监督管理工作的通知，2016

关于印发推进海绵城市建设水利工作的指导意见的通知，2015

关于进一步加强农村饮水安全工程运行管护工作的指导意见，2015

计划用水管理办法，2014

关于印发《关于加强河湖管理工作的指导意见》的通知，2014

关于加强南水北调中线一期工程水资源管理的意见，2014

水利部关于严格用水定额管理的通知，2013

关于加快推进水生态文明建设工作的意见，2013

关于开展全国重要饮用水水源地安全保障达标建设的通知，2011

58 什么是水污染物排放标准？什么是水环境质量标准？有哪些种类？

技术标准是对技术内容的规范，是技术领域的“技术契约”，是科学活动和实践经验的结晶。技术标准与部门规章相比，无论在内容、程序、语言上都有明显的区别。技术标准不能违背行政法规，行政法规可以引用技术标准。

水污染物排放标准和水环境质量标准都属于环境标准体系的范畴。我国环境标准体系可概括为“五类三级”，即环境质量标准、污染物排放标准、环境基础标准、监测分析方法标准和环境标准样品标准五类，与国家标准、行业标准和地方标准三级；若按环境要素来划分，分为水、大气、固废污染控制、移动源排放、环境噪声、土壤、放射性与电磁辐射、生态保护、环境基础、其他环境 10 类。

水污染物排放标准是指为了实现水环境质量标准，结合技术经济条件和环境特点，对污染源排入水环境的污染物或有害因素的控制标准，或者说是对排入水环境的污染物的允许排放量或排放浓度的规定。水污染物排放标准分为国家水污染物排放标准和地方水污

染物排放标准。其制定既不能过严，致使绝大多数企业达不到要求，将多数企业置于违法境地，也不能将标准制定的过宽，而达不到防治水污染的目的。

水环境质量标准是在一定的时间和范围内，对水环境质量的要求所作的规定，是按照保护人体健康、生态平衡等要求，对水环境中各种有毒有害物质或因素的法定允许浓度作出的规定。水环境质量标准是制定水污染物排放标准和污染物排放总量控制指标的依据，是环境保护行政主管部门对环境进行科学管理的手段。水环境质量标准分为国家水环境质量标准和地方水环境质量标准。

不同使用目的和用途要求有不同的水环境质量标准。目前主要的水环境质量标准有《地表水环境质量标准》《地下水质量标准》《海水水质标准》《农田灌溉水质标准》《渔业水质标准》以及各种人体饮用水和工业用水水质标准等。

59

与居民生活和生存环境密切相关的水方面的标准主要有哪些？

与居民生活和生存环境密切相关的水方面的标准主要有：

《地表水环境质量标准》（GB 3838—2002）

《海水水质标准》（GB 3097—1997）

《地下水质量标准》（GB /T 14848—2017）

《生活饮用水卫生标准》（GB 5749—2022）

《食品安全国家标准　饮用天然矿泉水》（GB 8537—2018）

《食品安全国家标准　包装饮用水》（GB 19298—2014 ）

《瓶装饮用纯净水》（GB 17323—1998）

《城市供水水质标准》（CJ/T 206—2005）

《生活饮用水水源水质标准》（CJ 3020—1999）

60 《地表水环境质量标准》包括哪些内容？其有哪些水质基本项目指标和补充项目指标？

《地表水环境质量标准》（GB 3838—2002）的内容包括：范围、引用标准、水域功能和标准分类、标准值、水质评价、水质监测、标准的实施与监督共计 7 部分。该标准 1983 年首次发布，1988 年第一次修订，1999 年第二次修订（编号 GHZB1—1999），2002 年为第三次修订。每次修订水质指标有所增加，但对其值的要求有宽有严。

该标准共计109项水质指标，其中基本项目24项，即水温、pH值、DO、COD_{Mn}、COD_{Cr}、BOD_5、氨氮、总磷、总氮、铜、锌、氟化物、硒、砷、汞、镉、铬（六价）、铅、氰化物、挥发酚、石油类、阴离子表面活性剂、硫化物、粪大肠菌群。

集中式生活饮用水地表水源地补充项目指数5项，即硫酸盐、氯化物、硝酸盐、铁、锰。

61 《地表水环境质量标准》有哪些特定项目指标？

该标准有集中式生活饮用水地表水源地特定项目指标 80 项，见下表。

集中式生活饮用水地表水源地特定项目指标

三氯甲烷	乙苯	丙烯酰胺	内吸磷
四氯化碳	二甲苯	丙烯腈	百菌清
三溴甲烷	异丙苯	邻苯二甲酸二丁酯	甲萘威
二氯甲烷	氯苯	邻苯二甲酸二(2-乙基己基)酯	溴清菊酯
1，2-二氯乙烷	1，2-二氯苯	水合肼	阿特拉津
环氧氯丙烷	1，4-二氯苯	四乙基铅	苯并(a)芘
氯乙烯	三氯苯	吡啶	甲基汞
1，1-二氯乙烯	四氯苯	松节油	多氯联苯
1，2-二氯乙烯	六氯苯	苦味酸	微囊藻毒素 -LR
三氯乙烯	硝基苯	丁基黄原酸	黄磷
四氯乙烯	二硝基苯	活性氯	钼
氯丁二烯	2，4-二硝基甲苯	滴滴涕	钴
六氯丁二烯	2，4，6-三硝基甲苯	林丹	铍
苯乙烯	硝基氯苯	环氧七氯	硼
甲醛	2，4-二硝基氯苯	对流磷	锑
乙醛	2，4-二氯苯酚	甲基对流磷	镍
丙烯醛	2，4，6-三氯苯酚	马拉硫磷	钡
三氯乙醛	五氯酚	乐果	钒
苯	苯胺	敌敌畏	钛
甲苯	联苯胺	敌百虫	铊

62 《地表水环境质量标准》是如何划分水质类别的？

《地表水环境质量标准》（GB 3838—2002）依据地表水水域环境功能和保护目标，按功能高低，将地表水质量依次划分为 5 类：

Ⅰ类：主要适用于源头水、国家自然保护区；

Ⅱ类：主要适用于集中式生活饮用水地表水源地一级保护区、珍稀水生生物栖息地、鱼虾类产卵场、仔稚幼鱼的索饵场等；

Ⅲ类：主要适用于集中式生活饮用水地表水源地二级保护区、鱼虾类越冬场、洄游通道、水产养殖区等渔业水域及游泳区；

Ⅳ类：主要适用于一般工业用水区及人体非直接接触的娱乐用水区；

Ⅴ类：主要适用于农业用水区及一般景观要求水域。

《地表水环境质量标准》I ~ III 类水均可作为生活饮用水或水源地；III 类水以下说明水受到污染，需引起注意和重视。

63 《地下水质量标准》包括哪些内容？其适用范围如何？

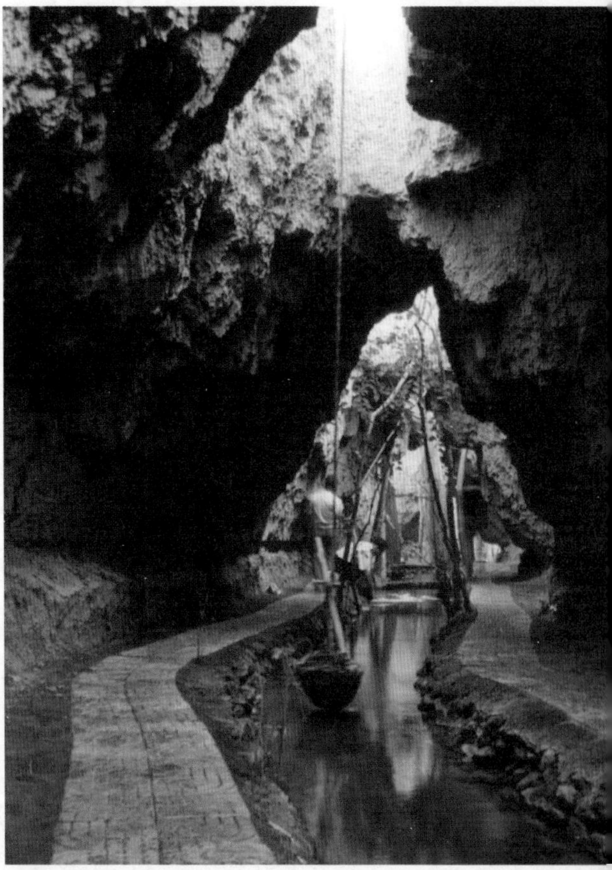

《地下水质量标准》（GB/T 14848—2017）规定了地下水质量分类、指标及限值，地下水质量调查与监测，地下水质量评价等内容，适用于地下水质量调查、监测、评价与管理。

该标准代替了GB/T 14848—1993，指标由GB/T 14848—1993的39项增加至93项；调整了20项指标分类限值，直接采用了原先19项指标分类限值；减少了综合评价规定，使标准具有更广泛的应用性。

该标准适用于一般地下水，不适用于地下热水、矿泉水、盐卤水。

64

《地下水质量标准》是如何划分水质类别的？

《地下水质量标准》（GB /T 14848—2017）依据我国地下水水质现状、人体健康基准值及地下水质量保护目标，并参照了生活饮用水、工业、农业用水水质最低要求，将地下水质量划分为 5 类：

I 类：地下水化学组分含量低，适用于各种用途。

II 类：地下水化学组分含量较低，适用于各种用途。

III 类：地下水化学组分含量中等，以 GB 5749—2006 为依据，主要适用于集中式生活饮用水水源及工、农业用水。

IV 类：地下水化学组分含量较高，以农业和工业用水质量要求，以及一定水平的人体健康风险为依据，适用于农业和部分工业用水，适当处理后可作生活饮用水。

V 类：地下水化学组分含量高，不宜作为生活饮用水水源，其他用水可根据使用目的选用。

《地下水质量标准》I ~ III 类水均可作为生活饮用水或水源地；IV 类水只有经适当处理后方可作为生活饮用水。

65 《生活饮用水卫生标准》包括哪些内容？

《生活饮用水卫生标准》（GB 5749—2022）的内容包括：范围、规范性引用文件、术语和定义，以及生活饮用水水质要求、生活饮用水水源水质要求、集中式供水单位卫生要求、二次供水卫生要求、涉及饮用水卫生安全的产品卫生要求和水质检验方法共计9个方面。该标准适用于各类生活饮用水。水质指标共计97项，其中常规指标43项，扩展指标54项。

常规指标包括的微生物指标有：总大肠菌群、大肠埃希氏菌、菌落总数。毒理指标有：砷、镉、铬、铅、汞、氰化物、氟化物、硝酸盐、三氯甲烷、一氯二溴甲烷、二氯一溴甲烷、三溴甲烷、三卤甲烷、二氯乙酸、三氯乙酸、溴酸盐、亚氯酸盐、氯酸盐共计18项。感官性状和一般化学指标有：色度、浑浊度、臭和味、肉眼可见物、pH值、铝、铁、锰、铜、锌、氯化物、硫酸盐、溶解性总固体、总硬度、高锰酸盐指数和氨共计16项。放射性指标有：总α放射性和总β放射性。消毒剂指标有：游离氯、总氯、臭氧、二氧化氯。

《污水综合排放标准》的适用范围是什么？ 66

《污水综合排放标准》是在《工业“三废”排放试行标准》（GBJ 4—73），废水部分内容的基础上于 1988 年修订，并以标准名称《污水综合排放标准》（GB 8978—88）发布；1996 年再次修订。

该标准适用于现有单位水污染物的排放管理，以及建设项目的环境影响评价、建设项目环境保护设施设计、竣工验收及其投产后的排放管理。按照污水排放去向，分年限（1997 年 12 月底之前建设的单位和 1998 年 1 月 1 日后建设的单位）规定了 69 种水污染物最高允许排放浓度及部分行业最高允许排水量。建设（包括改、扩建）单位的建设时间，以环境影响评价报告书（表）批准日期为准划分。

按照综合排放标准与行业排放标准不交叉执行的原则，有行业排放标准的执行行业排放标准，如造纸工业执行《造纸工业水污染物排放标准》(GB 3544) 的最新版本要求。

排污许可
管理条例

67 《污水综合排放标准》的技术内容有哪些？

《污水综合排放标准》的技术内容包括标准分级和标准值的规定。

标准分为三级，具体要求见以下几方面内容：

（1）排入 GB 3838—2002 中Ⅲ类水域（划定的保护区和游泳区除外）和排入 GB 3097—1997 中二类海域的污水，执行一级标准。

（2）排入 GB 3838—2002 中Ⅳ类、Ⅴ类水域和排入 GB 3097—1997 中三类海域的污水，执行二级标准。

（3）排入设置二级污水处理厂的城镇排水系统的污水，执行三级标准。

若排入未设置二级污水处理厂的城镇排水系统的污水，必须根据排水系统出水受纳水域的功能要求，分别执行（1）和（2）的规定。

GB 3838—2002 中 I 类、II 类水域和 III 类水域中划定的保护区，GB 3097—1997 中一类海域，禁止新建排污口，现有排污口应按水体功能要求，实行污染物总量控制，以保证受纳水体水质符合规定用途的水质标准。

该标准将排放的污染物按其性质及控制方式分为两类：

第一类污染物：不分行业和污水排放方式，也不分受纳水体的功能类别，一律在车间或车间处理设施排放口采样，其最高允许排放浓度必须达到该标准要求（采矿行业的尾矿坝出水口不得视为车间排放口）。

第二类污染物：在排污单位排放口采样，其最高允许排放浓度必须达到该标准要求。

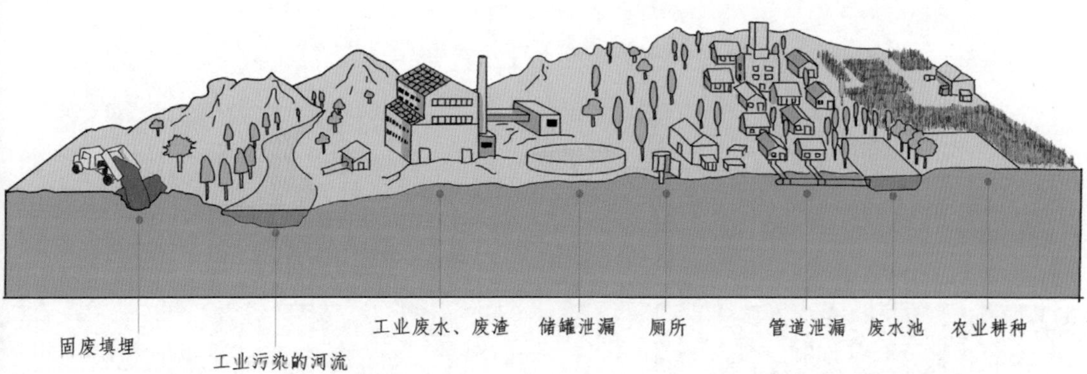
固废填埋
工业污染的河流
工业废水、废渣
储罐泄漏
厕所
管道泄漏
废水池
农业耕种

68 《污水综合排放标准》的主要特点有哪些?

《污水综合排放标准》的主要特点包括以下几个方面:

(1)密切与水环境质量标准的联系。按照水体功能对污染物排入不同功能水域的污水制定不同排放标准,将《地表水环境质量标准》中的五类水域和《海水水质标准》的四类海域划分为三级控制区,即特殊控制区、重点控制区和一般控制区。

特殊控制区相当于《地表水环境质量标准》的I类、II类水域和《海水水质标准》的一类海域,在此区域不许新建排放口,严格控制污染物排放;重点控制区相当于《地表水环境质量标准》的III类水域和《海水水质标准》的二类海域,在此区域排放污水执行一级标准;一般控制区相当于《地表水环境质量标准》的IV类、V类水域和《海水水质标准》的三类、四类水域,在此区域排放污水执行二级标准。

(2)按污染物的毒性和危害程度将污染物分为两类。第一类污染物为毒性较大、能在生物体内积蓄和产生长远影响的污染物,此类污染物在工厂车间排放口取样监测;第二类污染物则在工厂总排放口取样监测。

（3）根据各行业的生产和排放特点，对某些行业的排放标准有所区别。另外，还制定了部分行业的最高允许排水量，便于对部分污染源实施总量控制。

（4）制定和选配统一的污水采样及检测分析方法。以国家统一的污水采样及检测分析方法为标准进行污染源检测，确保分析数据可靠、统一。

（5）排放标准的技术依据是污染治理实用技术。生产工艺和污染治理技术的优化和技术进步是保障污水治理达标的关键，实用技术是技术先进经济可行的技术。作为制定标准的依据，把实用技术分为三类：最佳可行实用技术、最佳实用技术、清洁生产和预处理技术。按不同受纳水体功能区的要求和标准分级，分别采用不同的实用技术达到排放标准要求。

（6）推动各项环境管理制度实施，为环境管理服务。制定的三级标准，有利于推动城市综合整治制度和兴建集中城市污水处理厂；规定了最高允许排水量，可推进污染源定量考核制度和排污许可制度；配备新的排污收费标准，有利于加强排污收费制度的实施。

69 《污水排入城市下水道水质标准》有何规定？

《污水排入城市下水道水质标准》（CJ 3082—1999）适用于向城市下水道排放污水的排水户。标准规定了排入城市下水道污水中35种有害物质的最高允许浓度。此外，还有一般规定，具体内容见以下几个方面：

（1）严禁排入腐蚀城市下水道设施的污水。

（2）严禁向城市下水道倾倒垃圾、积雪、粪便、工业废渣和排入易于凝集，造成下水道堵塞的物质。

（3）严禁向城市下水道排放剧毒物质、易燃、易爆物质和有害气体。

（4）医疗卫生、生物制品、科学研究、肉类加工等含有病原体的污水必须经过严格消毒处理，除遵守本标准外，还必须按有关专业标准执行。

（5）放射性污水向城市下水道排放，除遵守本标准外，还必须按GB 8703—1988执行。

（6）水质超过本标准的污水，按有关规定和要求进行预处理，不得用稀释法降低其浓度，排入城市下水道。

70 哪些工业行业有行业污水污染物排放标准?

工业行业水污染物排放标准涉及行业较多，如造纸工业、船舶、船舶工业、纺织印染工业、海洋石油开发工业、钢铁工业、肉类加工工业、合成氨工业、兵器工业、航天推进剂使用、磷肥工业、烧碱聚氯乙烯工业、味精工业、柠檬酸工业、啤酒工业、皂素工业、煤炭工业、农药工业、电镀工业、羽绒工业、合成革与人造革工业、制药工业、制糖工业等，发布标准总数已达 50 多个。如：

《电子工业水污染物排放标准》（GB 39731—2020）

《船舶水污染物排放控制标准 》（GB 3552—2018）

《再生铜、铝、铅、锌工业污染物排放标准》（GB 31574—2015）

《制革及毛皮加工工业水污染物排放标准》（GB 30486—2013）

《合成氨工业水污染物排放标准》（GB 13458—2013）

《柠檬酸工业水污染物排放标准》（GB 19430—2013）

《麻纺工业水污染物排放标准》（GB 28938—2012）

《纺织染整工业水污染物排放标准》（GB 4287—2012）

《发酵酒精和白酒工业水污染物排放标准》（GB 27631—2011）

《汽车维修业水污染物排放标准》（GB 26877—2011）

《磷肥工业水污染物排放标准》（GB 15580—2011）

《油墨工业水污染物排放标准》（GB 25463—2010）

《酵母工业水污染物排放标准》（GB 25462—2010）

《淀粉工业水污染物排放标准》（GB 25461—2010）

《制糖工业水污染物排放标准》（GB 21909—2008）

《生物工程类制药工业水污染物排放标准》（GB 21907—2008）

《中药类制药工业水污染物排放标准》（GB 21906—2008）

《羽绒工业水污染物排放标准》（GB 21901—2008）

《制浆造纸工业水污染物排放标准》（GB 3544—2008）

《杂环类农药工业水污染物排放标准》（GB 21523—2008）

《兵器工业水污染物排放标准 火炸药》（GB 14470.1—2002）

《医疗机构水污染物排放标准》（GB 18466—2005）

《城镇污水处理厂污染物排放标准》（GB 18918—2002）

《畜禽养殖业污染物排放标准》（GB 18596—2001）

《污水海洋处置工程污染控制标准》（GB 18486—2001）

《污水综合排放标准》（GB 8978—1996）

《污水排入城市下水道水质标准》（CJ 3082—1999）

《城市污水处理厂污水污泥排放标准》（CJ/T 3025—1993）

《机械工业含油废水排放规定》（JB 7740—1995）

《天然橡胶加工废水污染物排放标准》（NY/T 687—2003）

《淡水池塘养殖水排放要求》（SC/T 9101—2007）

《海水池塘养殖水排放要求》（SC/T 9103—2007）

《城市污水再生利用》是如何分类的？共发布了多少个？

71

2003 年发布的《城市污水再生利用　分类》（GB/T 18919—2002），是在研究国内外污水再生利用的基础上，结合我国污水再生利用范围，将污水再生利用按使用用途进行科学分类。

城市污水再生利用分类类别见下表。

城市污水再生利用分类表

序号	分　类	范　围	示　例
1	农、林、牧、渔业用水	农田灌溉	种籽与育种、粗粮与饲料作物、经济作物
		造林育苗	种籽、苗木、苗圃、观赏植物
		畜牧养殖	畜牧、家畜、观赏植物
		水产养殖	淡水养殖
2	城市杂用水	城市绿化	公共绿地、住宅小区绿化
		冲刷	厕所边器冲洗
		道路清扫	城市道路的冲洗及喷洒
		车辆冲洗	各种车辆冲洗
		建筑施工	施工场地清扫、浇洒、灰尘抑制，混凝土制备养护，施工中的混凝土构件和建筑物冲洗
		消防	消火栓消防水炮
3	工业用水	冷却用水	直流水循环式
		洗涤用水	冲渣、冲灰、消烟除尘清洗
		锅炉用水	中压低压锅炉
		工艺用水	溶料水溶、蒸煮、漂洗、水力开采、水力输送、增湿、稀释、搅拌、选矿、油田回注
		产品用水	浆料、化工制剂、涂料
4	环境用水	娱乐性景观环境用水	娱乐性景观河道、景观湖泊及水景
		观赏性环境用水	观赏性景观河道、景观湖泊及水景
		湿地环境用水	恢复性自然湿地、营造人工湿地
5	补充水源水	补充地表水	河流湖泊
		补充地下水	水源补给防止海水入侵、防止地面沉降

城市污水再生利用系列标准共发布 6 个，即：

《城市污水再生利用　城市杂用水水质》（GB/T 18920—2020）

《城市污水再生利用　景观环境用水水质》（GB/T 18921—2019）

《城市污水再生利用　回灌农田安全技术规范》（GB/T 22103—2008）

《城市污水再生利用　农田灌溉用水水质》（GB 20922—2007）

《城市污水再生利用　地下水回灌水质》（GB/T 19772—2005）

《城市污水再生利用　工业用水水质》（GB/T 19923—2005）

72 哪些工业行业发布了废水治理工程技术规范？

已发布的工业废水治理工程技术规范如下：

《纺织染整工业废水治理工程技术规范》（HJ 471—2020）

《芬顿氧化法废水处理工程技术规范》（HJ 1095—2020）

《铜冶炼废水治理工程技术规范》（HJ 2059—2018）

《铜镍钴采选废水治理工程技术规范》（HJ 2056—2018）

《铅冶炼废水治理工程技术规范》（HJ 2057—2018）

《印制电路板废水治理工程技术规范》（HJ 2058—2018）

《烧碱、聚氯乙烯工业废水处理工程技术规范》（HJ 2051—2016）

《水解酸化反应器污水处理工程技术规范》（HJ 2047—2015）

《饮料制造废水治理工程技术规范》（HJ 2048—2015）

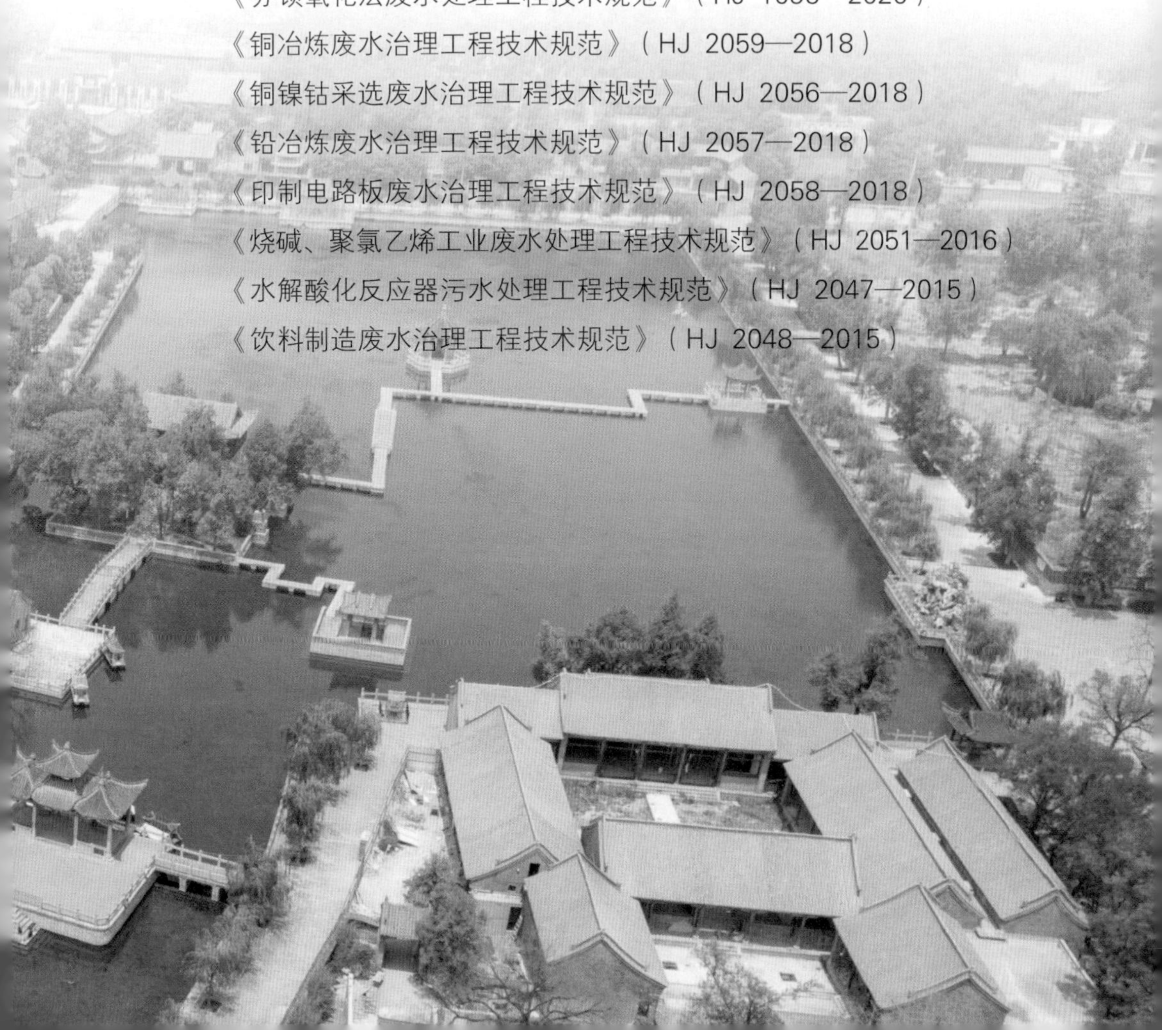

73 最新的《饮用水水源保护区划分技术规范》是哪年颁布的？对水源保护区的设置与划分是如何规定的？

2018 年 3 月，新版《饮用水水源保护区划分技术规范》（HJ/T 338—2018）发布，自 2018 年 7 月 1 日起实施；是对《饮用水水源保护区划分技术规范》（HJ/T 338—2007）的修订。

该技术规范规定了地表水饮用水水源保护区、地下水饮用水水源保护区划分的基本方法、定界、饮用水水源保护区图件制作和饮用水水源保护区划分技术文件编制的技术要求，适用于集中式地表水、地下水饮用水水源保护区（包括备用和规划水源地）的划分和调整。

该标准对饮用水水源保护区的设置与划分规定如下：

（1）饮用水水源保护区分为地表水饮用水源保护区和地下水饮用水源保护区。地表水饮用水源保护区包括一定范围的水域和陆域；地下水饮用水源保护区指影响地下水饮用水源地水质的开采井周边及相邻的地表区域。

（2）饮用水水源地（包括备用的和规划的）都应设置饮用水水源保护区；饮用水水源保护区一般划分为一级保护区和二级保护区，必要时可增设准保护区。

74 地方制定的水污染物排放标准主要有哪些？

地方水环境标准一般包括地方水环境质量标准和地方水污染物排放标准（或控制标准）两种。

目前，国家尚未制定专门的农村生活污水处理设施水污染物排放标准。2018 年 2 月，中共中央办公厅、国务院办公厅印发《农村人居环境整治三年行动方案》，要求各地区区分排水方式、排放去向等，分类制定农村生活污水治理排放标准。2018 年 9 月，生态环境部办公厅、住房和城乡建设部办公厅联合印发《关于加快制定地方农村生活污水处理设施水污染物排放标准的通知》，要求各省（自治区、直辖市）抓紧制定地方农村生活污水处理设施水污染物排放标准。2019 年 4 月，生态环境部办公厅发布《农村生活污水处理设施水污染物排放控制规范编制工作指南（试行）》（环办土壤函〔2019〕403 号），要求科学合理确定相关控制指标排放限值。

为贯彻落实党中央、国务院决策部署，稳步推进农村生活污水治理，促进农村人居环境改善，建设美丽宜居乡村，31 个省（自治区、直辖市）均制订了涉及当地的地方农村生活污水处理设施水污染物排放标准。

地方制定的水污染物排放标准见附录。

三、水污染
防治技术与措施

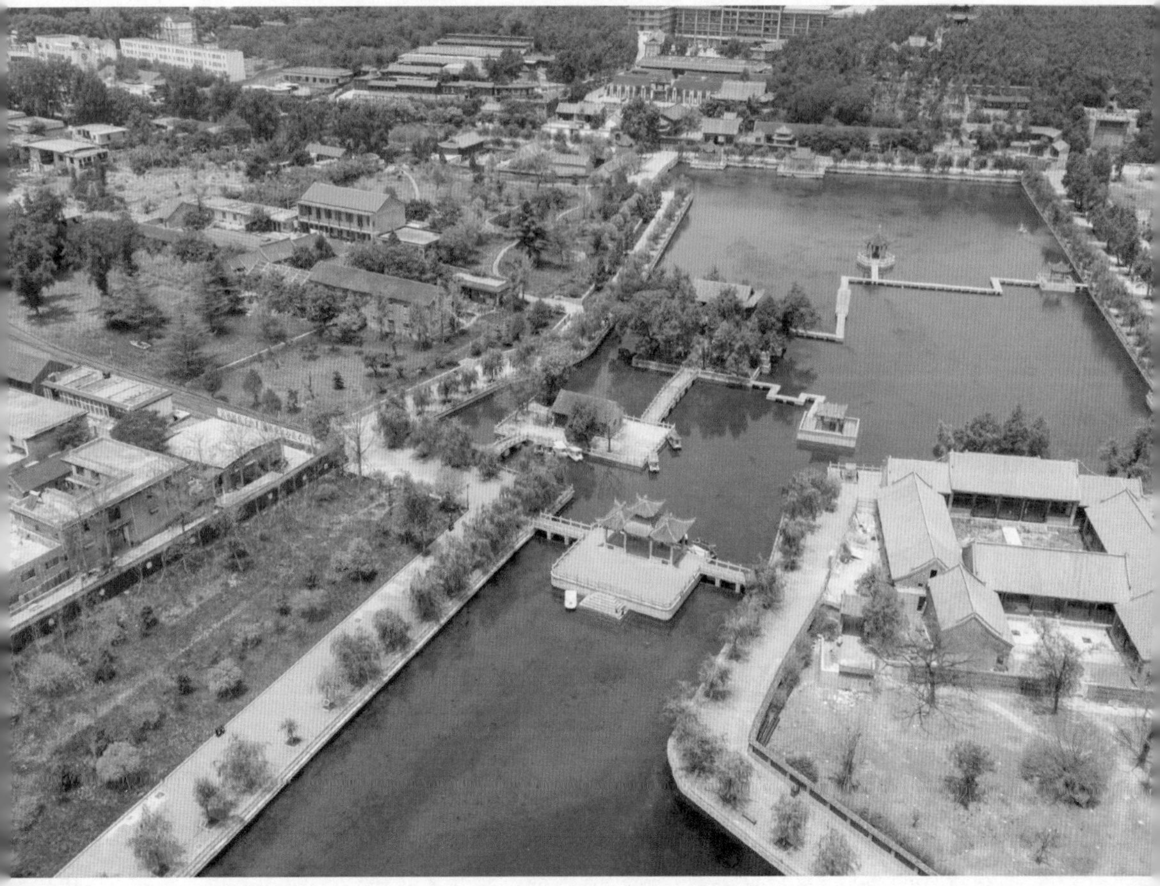

75 什么是水污染防治？为什么要从源头抓起？

水污染防治是指对水体因某种物质的介入，而导致其化学、物理、生物或者放射性等方面特性的改变，从而影响水的有效利用，危害人体健康或者破坏生态环境，造成水质恶化的现象的预防和治理，是指从整体出发，运用各种措施，对水环境污染进行防治。

实施水污染防治是十分必要的。中国是一个水资源比较缺乏的国家，主要表现为两种：一是资源型缺水，二是水质型缺水。长期以来，以点源治理为基础的排污口净化处理，不能有效地解决水污染问题，必须从区域和水系的整体出发进行水污染综合防治，才能从根本上控制水污染，解决水质型缺水的问题。

我国经济的快速发展、人口的快速增长和城市化水平的提高，造成了水资源日益短缺，水质日趋恶化。随着我国社会各方面的努力，已在一定程度上保障了城镇供水安全的需求。但我国农村饮水安全存在问题较多，2021 年水利部 12314 监督举报服务平台转办核查的问题线索中，79.6% 是农村饮水安全问题，城市水源地突发性水污染事件仍有发生，这些均严重制约着城乡供水安全的全方位发展。

因此，水污染防治应当以源头减污降耗为重点，坚持预防为主，防治结合。水污染防治工作一定要从源头抓起，源头污染减少了，水污染状况自然会得到缓解。目前的治理大都仍是末端治理，重视

权威解读：
生态环境部　水利部建立跨省流域上下游突发水污染事件联防联控机制

污水处理厂的立项、上马和建设。因此，如果不从源头抓起，后期治理的难度就会加大，特别要将江河湖库源头的水资源保护作为重中之重，加强保护。

76 我国水污染防治的基本原则、目标及策略是什么？

依据《中华人民共和国水污染防治法》，水污染防治应当坚持以预防为主、防治结合、综合治理的原则，优先保护饮用水水源，严格控制工业污染、城镇生活污染，防治农业面源污染，积极推进生态治理工程建设，预防、控制和减少水环境污染和生态破坏。

《水十条》对我国水污染防治目标做了明确规定，到 2030 年，全国水环境质量有明显改善，水生态系统功能基本恢复。到 21 世纪中叶，生态环境质量全面改善，水生态系统实现良性循环。具体量化指标：到 2030 年，我国七大重点流域水质优良比例达到 75% 以上；城市黑臭水体全部消除，城市集中饮用水水源地水质达到或优于Ⅲ类占比 95% 以上。

基本策略如下：

一是全面控制污染物排放。针对工业、城镇生活、农业农村和船舶港口等污染来源，提出了相应的减排措施。

二是推动经济结构转型升级。加快淘汰落后产能，合理确定产业发展布局、结构和规模，以工业水、再生水和海水利用等推动循环发展。

三是着力节约保护水资源。实施最严格水资源管理制度，控制用水总量，提高用水效率，加强水量调度，保证重要河流生态流量。

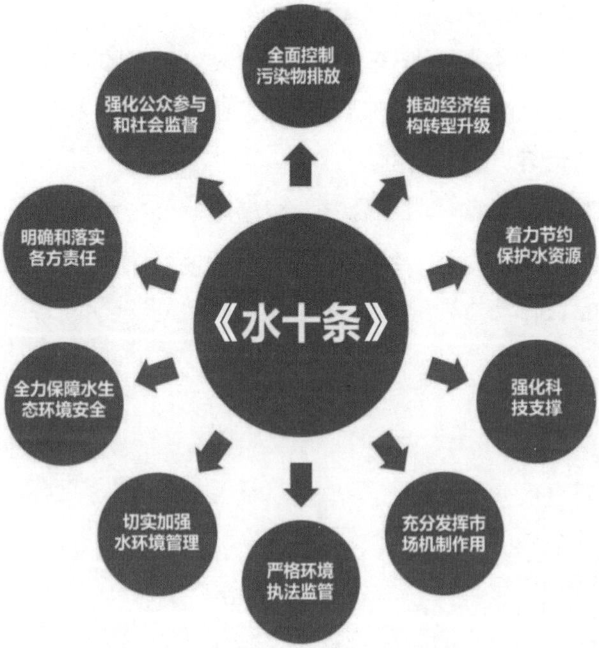

四是强化科技支撑。推广示范先进适用技术，加强基础研究和前瞻技术研发，规范环保产业市场，加快发展环保服务业。

五是充分发挥市场机制作用。加快水价改革，完善收费政策，健全税收政策，促进多元投资，建立有利于水环境治理的激励机制。

六是严格环境执法监管。严惩各类环境违法行为和违规建设项目，加强行政执法与刑事司法衔接，健全水环境监测网络。

七是切实加强水环境管理。强化环境治理目标管理，深化污染物总量控制制度，严格控制各类环境风险，全面推行排污许可。

八是全力保障水生态环境安全。保障饮用水水源安全，科学防治地下水污染，深化重点流域水污染防治，加强良好水体和海洋环境保护。整治城市黑臭水体，直辖市、省会城市、计划单列市建成区于 2017 年年底前基本消除黑臭水体。

九是明确和落实各方责任。强化地方政府水环境保护责任，落实排污单位主体责任，国家分流域、分区域、分海域逐年考核计划实施情况，督促各方履责到位。

十是强化公众参与和社会监督。国家定期公布水质最差、最好的 10 个城市名单和各省（自治区、直辖市）水环境状况。加强社会监督，构建全民行动格局。

国务院
关于印发水污染
防治行动计划的
通知

77 我国水污染治理行业发展状况如何？

自改革开放以来，我国经济持续高速发展，同时走的是一条“先发展，后治理”的道路。因此，环境污染欠账较多，在水污染治理方面一直处于滞后状态。经过多年的发展，已建立了包括《中华人民共和国环境保护法》《中华人民共和国水法》《中华人民共和国水污染防治法》《水污染防治行动计划》（简称《水十条》）等在内的水环境保护与水污染防治的法律法规体系。截至 2019 年，由生态环境部批准设立的 44 个国家级的环境保护重点实验室涉及水污染治理的有近 20 个。国家“985”及“211”高校绝大部分都设有环境工程专业，这为我国水污染治理行业的健康发展提供了制度保障和技术引领。

截至 2020 年，我国城市污水处理率已达到了 95%，设市城市累计建成城市污水处理厂 5000 多座（不含乡镇污水处理厂和工业），污水处理能力达 2.1 亿 m^3/d，2 万亿元资产总额，60% 以上是一级 A 排放标准。一些发达地区（主要是敏感流域附近）的污水处理厂出水标准已经达到或超过“准四类”。有条件的地区，工业废水均进入工业园区的集中污水处理厂处理后达标排放。多数的工业废水均按行业标准处理至纳管标准排入市政管网进入城市污水处理厂处理后达标排放。我国城镇污水处理厂处理规模已位居世界第一，日总污水处理规模约占全球总污水处理规模的 1/5。我国目前管网总长度仅 100 万km，污水收集率不到 50%；污泥处理规模 12.5 万 t/d，妥善处置率不足 40%。并仍有大批设施的运营既不正常也不稳定，不同程度地面临运营困境。

污水处理行业政策导向明显，受国家产业政策和环保投资规模影响大。2020 年国家愈加重视生态环境保护，出台了一系列政策，支持污水处理行业发展。2020 年 3 月，生态环境部发布《排污许可证申请与核发技术规范水处理通用工序》，加快推进固定污染源排污许可全覆盖，健全技术规范体系，指导排污单位水处理设施许可证申请与核发工作。同年 4 月，国家发展改革委、财政部、住房和城乡建设部、生态环境部、水利部五部委发布《关于完善长江经济带污水处理收费机制有关政策的指导意见》，完善长江经济带污水处理成本分担机制，激励约束机制和收费标准动态调整机制。

城镇污水处理及再生利用设施是城镇发展不可或缺的基础设施，是经济发展、居民安全健康生活的重要保障。2020 年 7 月，国家发展改革委、住房和城乡建设部印发《城镇生活污水处理设施补短板强弱项实施方案》，提出 2023 年城镇生活污水处理建设目标。同时，国家层面关注城镇（园区）污水处理，出台了《关于进一步规范城镇（园区）污水处理环境管理的通知》。此外，生态环境部取消污水处理厂污泥含水率的强制要求。2021 年，国家发展改革委等十部委出台《关于推进污水资源化利用的指导意见》（发改环资〔2021〕13 号）。

数据显示，目前我国共有 20.86 万家污水处理相关企业，企业数量，山东省以 2.35 万家排名第一，广东省、江苏省分列第二、三位，西安、广州、长沙则是排名前三的城市。2020 年，污水处理相关企业新注册 4.55 万家。

延伸阅读 关于推进污水资源化利用的指导意见（部分摘要）

污水资源化利用是指污水经无害化处理达到特定水质标准，作为再生水替代常规水资源，用于工业生产、市政杂用、居民生活、生态补水、农业灌溉、回灌地下水等，以及从污水中提取其他资源和能源，对优化供水结构、增加水资源供给、缓解供需矛盾和减少水污染、保障水生态安全具有重要意义。

一、总体要求

（一）指导思想。

（二）基本原则。

（三）总体目标。到2025年，全国污水收集效能显著提升，县城及城市污水处理能力基本满足当地经济社会发展需要，水环境敏感地区污水处理基本实现提标升级；全国地级及以上缺水城市再生水利用率达到25%以上，京津冀地区达到35%以上；工业用水重复利用、畜禽粪污和渔业养殖尾水资源化利用水平显著提升；污水资源化利用政策体系和市场机制基本建立。到2035年，形成系统、安全、环保、经济的污水资源化利用格局。

二、着力推进重点领域污水资源化利用

（四）加快推动城镇生活污水资源化利用。

（五）积极推动工业废水资源化利用。

（六）稳妥推进农业农村污水资源化利用。

三、实施污水资源化利用重点工程

（七）实施污水收集及资源化利用设施建设工程。

（八）实施区域再生水循环利用工程。

（九）实施工业废水循环利用工程。

（十）实施农业农村污水以用促治工程。

（十一）实施污水近零排放科技创新试点工程。

（十二）综合开展污水资源化利用试点示范。

四、健全污水资源化利用体制机制

（十三）健全法规标准。

（十四）构建政策体系。

（十五）健全价格机制。

（十六）完善财金政策。

（十七）强化科技支撑。

五、保障措施

（十八）加强组织协调。

（十九）强化监督管理。

（二十）加大宣传力度。

国家发展改革委、科技部、工业和信息化部、
财政部、自然资源部、生态环境部、
住房和城乡建设部、水利部、
农业农村部、市场监管总局
2021 年 1 月 4 日

“十六字”治水思路是什么？ 78

近些年来，在经济社会快速发展、城镇化水平持续攀升、全球气候变化影响加剧等多重变化条件下，水资源短缺、水生态损害、水环境污染等新的水问题相互交织、更加凸显。2014 年 3 月 14 日，习近平总书记在中央财经领导小组第五次会议上就保障水安全发表重要讲话，站在党和国家事业发展全局的战略高度，精辟论述了治水对民族发展和国家兴盛的重要意义，准确把握了当前水安全新老问题相互交织的严峻形势，深刻回答了我国水治理中的重大理论和现实问题，提出“节水优先、空间均衡、系统治理、两手发力”的“十六字”治水思路。该治水思路具有很强的思想性、理论性和实践性，是做好水利工作、水环境保护的科学指南和根本遵循。

（1）**节水优先**。治水包括开发利用、治理配置、节约保护等多个环节。当前的关键环节是节水，从观念、意识、措施等各方面都要把节水放在优先位置。这就要求从根本上转变治水思路，把节水放在治水工作各环节的首要位置，按照“确有需要、生态安全、可以持续”的原则开展重大水利工程建设，并强化水资源取、用、耗、排的全过程监管。

（2）**空间均衡**。发展经济、推进工业化、城镇化，包括推进农业现代化，都必须树立人口、经济与资源环境相均衡的原则。通俗来说就是“有多少汤泡多少馍”。要加强需求管理，把水资源、水生态、

你我用水
习近平很惦记
14
2014/03
2020 年全国城市节约用水宣传周启动
养成节水好习惯 树立绿色
“节水优先、
空间均衡、
系统治理、
两手发力。”
——2014年3月14日
习近平提出“十六字”治水方针

水环境承载能力作为刚性约束，贯彻落实到改革发展稳定各项工作中。

（3）系统治理。山水林田湖是一个生命共同体，治水要统筹自然生态的各个要素，要用系统论的思想方法看问题，统筹治水和治山、治水和治林、治水和治田等。要准确把握自然生态要素之间的共生关系，通过对水资源水生态水环境的系统监管，统筹推进山水林田湖草的系统治理，补齐水生态修复治理短板。

（4）两手发力。保障水安全，无论是系统修复生态、扩大生态空间，还是节约用水、治理水污染等，都要充分发挥市场和政府的作用，分清政府该干什么，哪些事情可以依靠市场机制。水是公共产品，政府既不能缺位，更不能手软，该管的要管，还要管严、管好。发挥政府“看得见的手”的作用，通过制订计划、法规或采取命令、指示、规定等行政措施，对水这一公共产品的供给进行干预、调整和管理，以达到保持供需平衡、维护经济稳定的目的。发挥市场“看不见的手”的作用，政府通过完善价格机制、供求机制和竞争机制，促进市场主体做出最理性的选择，实现水资源配置效率的最大化。

79 河长制六大任务涉及哪些方面的技术？

河长制六大任务是加强水资源保护、加强河湖水域岸线管理保护、加强水污染防治、加强水环境治理、加强水生态修复、加强执法监管。综合分析六大任务，可以看出加强执法监管这一任务是贯彻于五大任务之中的，在水资源保护、河湖水域岸线管理、水污染防治、水环境治理、水生态修复过程中均离不开执法监管。

河长制六大任务涉及的技术需求分析，见下表。

河长制六大任务的技术需求分析表

任　　务	技　　术
1. 水资源保护	节水技术；水资源监测监控技术
2. 河湖水域岸线管理	空间管控监控技术
3. 水污染防治	洁水技术；水污染治理技术；河湖底泥处置及资源化利用技术；综合防治技术
4. 水环境治理	水源地保护技术；黑臭水体治理技术；农村生活污水处理实用技术；生活垃圾处理实用技术；水环境监控预警技术；水环境综合整治技术
5. 水生态修复	水生态修复技术；水生生物多样性恢复技术；水土流失综合整治技术；山水林田湖草系统治理技术
6. 执法监管	河湖巡查监管监控技术；河长制信息化技术

从上页表可以看出，河长制任务技术需求市场较大，特别是水污染防治方面涉及门类和技术最多，市场需求旺盛，也是河长制中的难点和焦点；水环境治理中涉及水源地保护技术的合理选择、河湖水环境综合整治技术、黑臭水体的治理、面广量大的农村生活污水治理技术和生活垃圾处理实用技术。

80 黑臭水体如何综合治理?

黑臭水体治理的模式比技术更重要，其治理应因地制宜，根据不同的水文水质特征、不同的治理目标、不同阶段，综合采用不同的技术。需要按“截、引、净、减、调、养、测”七字法统筹划综合治理。

（1）截。切断点源污染产生的污水。

（2）引。将点源污染与面源污染产生的污水通过对应手段引入湿地或生态岸带等功能体。

（3）净。通过湿地、生态岸带以及其他净化功能体处理污染水体与降水径流。

（4）减。将水体中的有机质成分降低，淤泥减量。

（5）调。调入水资源补入水道、湖体等。

（6）养。整治内源污染，通过微生物复合菌等进行水体营养结构恢复，稳定或重建生态系统和食物链结构。

（7）测。数据检测与水体实时监测，应对突发状况，保证水体治理的数据精准。

81 农村生活污水实用处理工艺和技术有哪些?

由于我国农村地区自然条件、生活习惯、经济发展等方面差异性大，故需要根据不同地区的具体现状、水质、水量、排放去向等因地制宜确定处理技术。农村生活污水的处理技术必须遵循“低投资、低能耗、简便、高效”的原则，采用智能化、傻瓜化的运行方式。

单一的污水处理模式不能达到农村生活污水达标处理的目的。根据农村基本国情，生活污水处理大致形成三种模式，即分散处理模式、村落集中处理模式和纳入城镇排水管网模式。农村生活污水处理工艺各异，但都是各单元处理技术的不同组合。

农村污水处理实用技术包括化粪池、污水净化沼气池、普通曝气池、序批式生物反应器、氧化沟、生物接触氧化池、人工湿地、土地处理和生态塘等。目前，国内外由不同技术组合而成的农村生活污水处理工艺形式很多，主要分为4种：“厌氧 + 生态”工艺、“好氧 + 生态”工艺、“厌氧 + 好氧”工艺和“厌氧 + 好氧 + 生态”工艺。

中共中央办公厅
国务院办公厅印发
《农村人居环境整治提升五年行动方案（2021—2025年）》

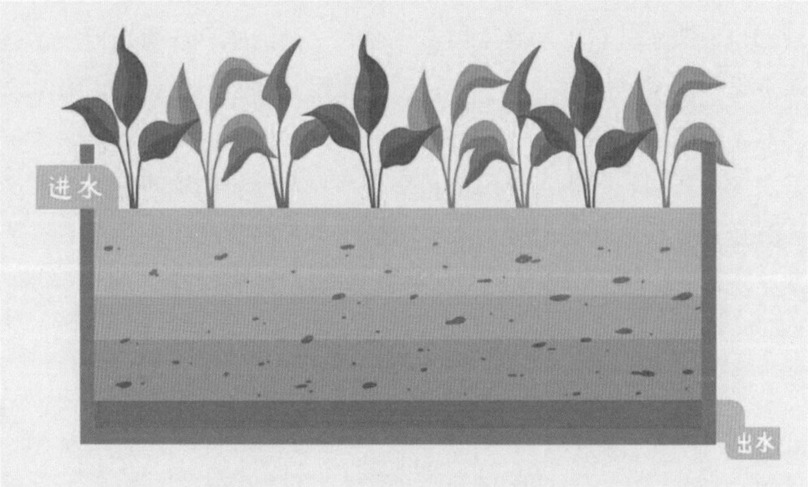

82 我国的水污染防治技术水平如何?

我国的水污染防治技术产业起步于 20 世纪 60 年代末，发展于 70 年代初，已有近 30 年的发展历史。已从发展初期的工业用水处理和电镀废水处理，发展到城市污水、生活污水、各类工业废水、工业循环冷却水、锅炉给水、特种工业用超纯水、饮料水、海水淡化制水等包含各种门类的广泛范围。进入 80 年代后期，伴随着改革开放的大好时机，也由于国家越来越重视水污染防治事业，这一产业开始进入快速增长阶段，年平均增长速度保持在 20% ~ 25% 的水平。水污染防治产业已在我国普遍发展，并初具规模。

良好的发展氛围和广阔的市场需求，不仅仅促进了水处理设备制造工业的发展，也极大地带动了我国水处理工艺技术和产品制造技术的全面发展。我国政府在水污染防治事业发展之初，即对水污染治理技术的研究和开发给予了极大的支持和充分的重视。在“六五”计划至“九五”计划期间的连续四个阶段的国家科技攻关中，针对我国水污染的实际，对工业废水和城市污水的处理工艺和关键设备进行了大规模的开发，组织全国的水污染治理科技力量进行了规模浩大的研究，较好地攻克了一些水污染防治技术的难关，有力地支持了我国水污染治理事业的发展。

目前，除了环保系统内拥有一支以中国环科院为龙头、包括全国各省市级环保科研院所为主体的环保科研力量外，全国各主要大学，如清华大学、同济大学、西安交大、天津大学等，都拥有一支较强的水处理技术开发队伍。各相关部门，包括住房和城乡建设部和水利部等所属的研究和设计院，都有水污染防治和水处理技术开发机构。更不容忽视的是在全国环保企业中，也蕴含着一支庞大的

水处理技术开发及产品开发力量，并且在我国水污染治理技术进步中，越来越发挥着技术成果产业化的重要作用。产、学、研相结合，使我国的水污染治理技术的研究开发能力、专业技术水平和科技队伍的布局，在总体规模上，居于世界前列。

83 我国第一座城市生活污水处理厂是在哪个城市建设的？

1984 年，天津纪庄子污水处理厂竣工并正式投产运行，其处理规模为 26 万 m^3/d，是当时全国第一座大型城镇污水处理厂，规模最大、处理工艺最全。2014 年，该处理厂完成迁建工作，由津沽污水处理厂正式接棒运行，日处理规模达到 65 万 m^3/d。

截至 2020 年 1 月底，全国共有 10113 个污水处理厂核发了排污许可证。城镇污水总处理能力达 1.15 亿 m^3/d。

生活污水的
全周期介绍

84 城市生活污水是如何收集的？做好市政管网雨污分流有何意义？

在城市，每天都有大量的水用于市民生活、三产服务业和工业生产等，这些水在使用之后，约有 80% 的水量变为污水排放。而这些城市污水从污水管网中的各污水支管汇流到市政干管，进入污水泵站，最终进入到污水处理厂。

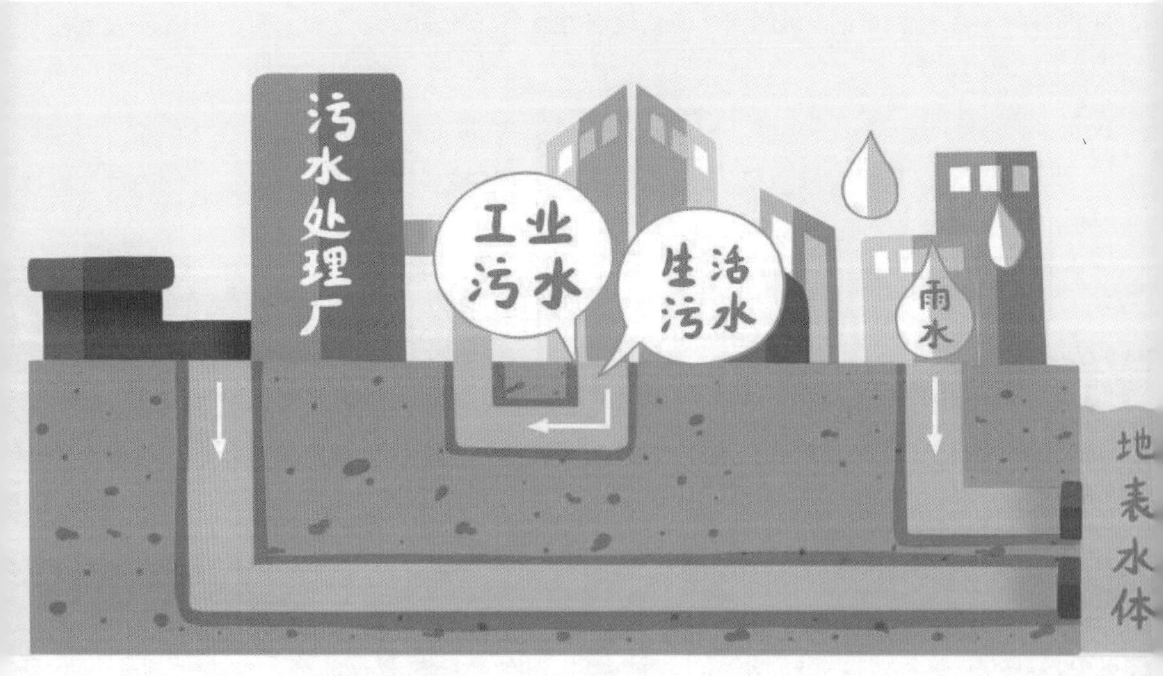

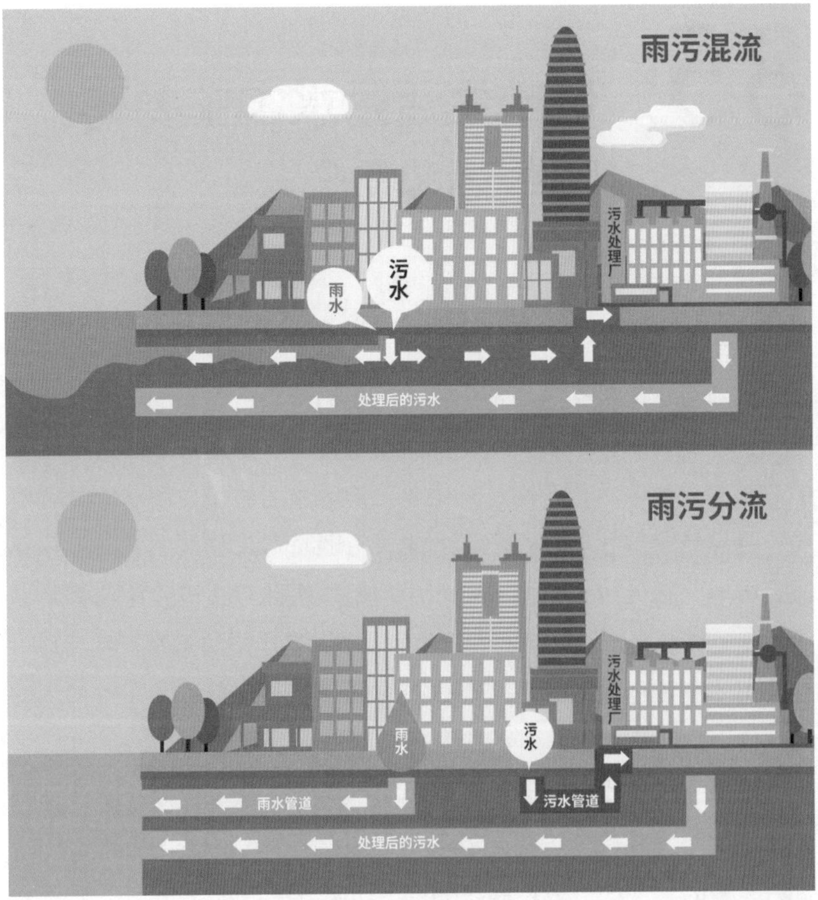

雨污分流是完善城市基础建设、解决城市防洪内涝、消除黑臭水体的治本之策。随着生活水平日益提高，城市面貌日新月异，现有的城市小区雨污水管网设施已无法满足新时代的要求。原排水系统老化、管道堵塞、汛期排水不畅、雨水倒灌等现象层出不穷。

为避免污水对河道、地下水造成污染，便于雨水收集利用和集中管理排放，降低雨水量对污水处理厂的冲击，保证污水处理厂的处理效率，进一步改善水质，雨污分流势在必行！

85 城市生活污水中主要有哪些污染物？

生活污水是居民在日常生活中，由厨房、浴室和厕所等排出的洗涤和冲厕污水，是水体的主要污染源之一。生活污水中含有大量的有机物，如碳水化合物、纤维素、淀粉和脂肪蛋白质等。这些物质以悬浮或溶解状态存在于污水中，可通过微生物的生物化学作用进行分解，在分解过程中消耗水中的氧，因此可造成水中溶解氧减少，进而影响鱼类和其他水生生物的生长。当水中溶解氧被耗尽后，这些有机物进行厌氧分解，产生硫化氢、氨和硫醇等具有难闻气味的气体，从而使水质进一步恶化。

生活污水中还常含有一些病原菌、病毒和寄生虫卵。水体受到病原体的污染会传播疾病，如血吸虫病、霍乱、伤寒、痢疾、病毒性肝炎等。如 1848 年和 1854 年英国两次霍乱流行，死亡万余人；1892 年德国汉堡霍乱流行，死亡 750 余人，均是由水污染引起的。

此外，生活污水中还含有一些无机盐类物质，如氯化物、硫酸盐、磷酸盐、碳酸氢盐和钠、钾、钙、镁等。水中无机盐增加能提高水的渗透压，对淡水生物、植物生长产生不良影响。因此，生活污水不能随意排放，必须经过一些物理和化学的工艺进行处理。

86 为什么要提倡使用无磷洗涤剂？

无磷洗衣粉一般以天然动植物油脂为活性物，并复配多种高效表面活性剂和弱碱性助洗剂，可保持高效去污且无污染，对水中生物基本无危害，但价格稍贵一些。

那为什么含磷洗衣粉会有市场呢？一方面是便宜，另一方面是如果洗衣粉中含有磷类化合物，可与水中的钙、镁离子结合，降低水的硬度，从而提高去污效果，但洗涤后却产生了大量的含磷废水。

因此，在日常生活中要减少水的污染，最重要的是还得从思想上认识到保护水资源、减少水污染的重要性和必要性。然后在行动上要落实，如在生活中使用无磷洗衣粉就可以减少对水环境的污染，这是因为一般的洗衣粉含有磷，而磷是生物所需的营养物质，但如果大量的磷进入湖泊、河口、海湾等缓流水体，则造成水体内藻类及其他浮游生物迅速繁殖，水体中溶解氧下降，导致水质恶化，鱼类等生物的大量死亡，也就是我们所熟悉的“水体富营养化”，因此，为防止富营养化现象的发生，必须严格控制进入水体的磷以及氮的含量。

此外，如果不能将洗衣物上残留磷冲净，日积月累，衣服当中的残留磷就会对皮肤有刺激影响，尤其是婴儿娇嫩的皮肤；碱性强的含磷洗衣粉也容易损伤织物，尤其是纯棉类，长期使用这些以强碱性达到去污目的的洗衣粉，衣物也会被烧伤。因此，我们要提倡使用无磷洗衣粉。

87 处理生活污水的主要技术（工艺）有哪些？未来污水处理技术的发展方向及特征有哪些？

常见的生活污水处理工艺有五种，分别为：

（1） AO 工艺。

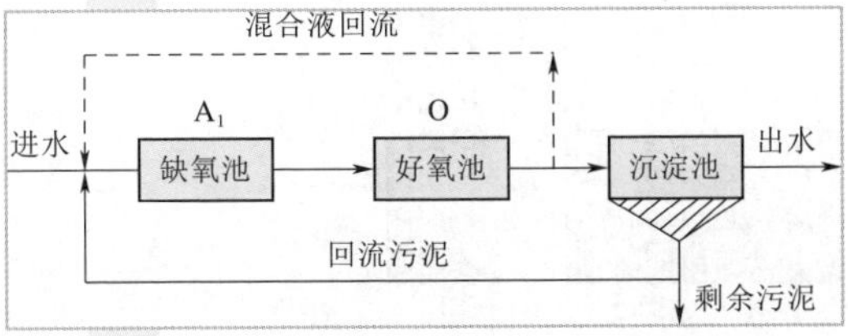

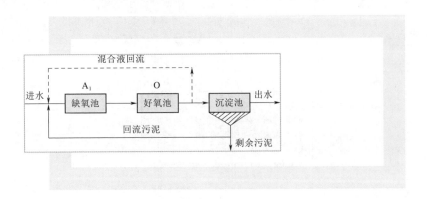

(2) AAO 工艺。

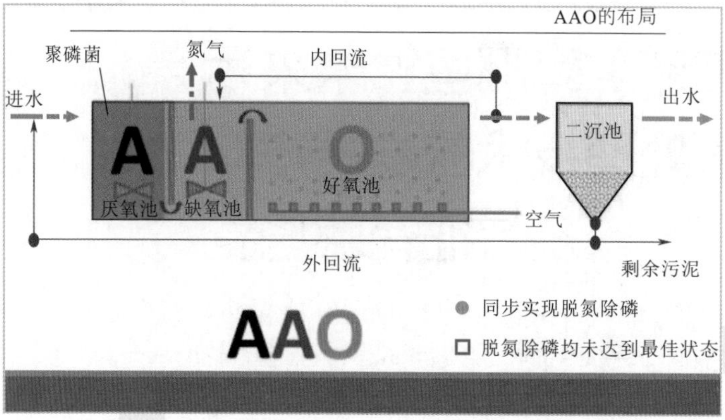

(3) MBR 工艺。

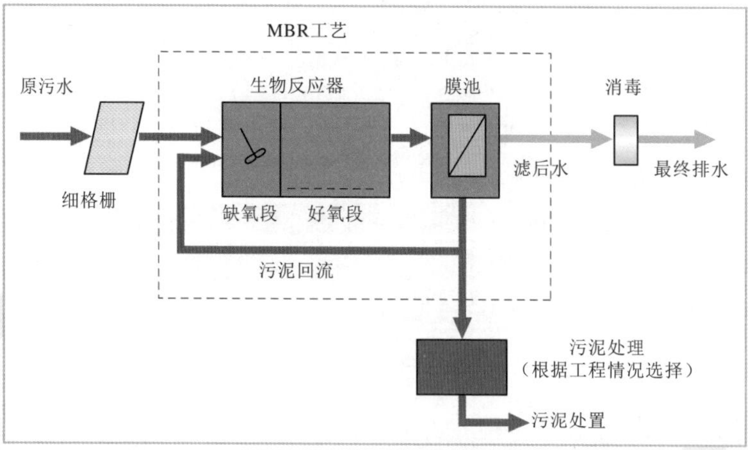

未来污水处理技术发展趋势是高效集成化，这将是过程强化的基础，采用新设备、新工艺，显著提升反应的过程速率，使工厂布局更加紧凑，提升能量效率，减少废物排放。污水处理技术将朝着越来越集成密集化的方向发展，单个反应器的空间越来越小、处理效率更高、能耗更低、实现的功能更加多样化、工艺控制更加精准。

（4） 曝气生物滤池。

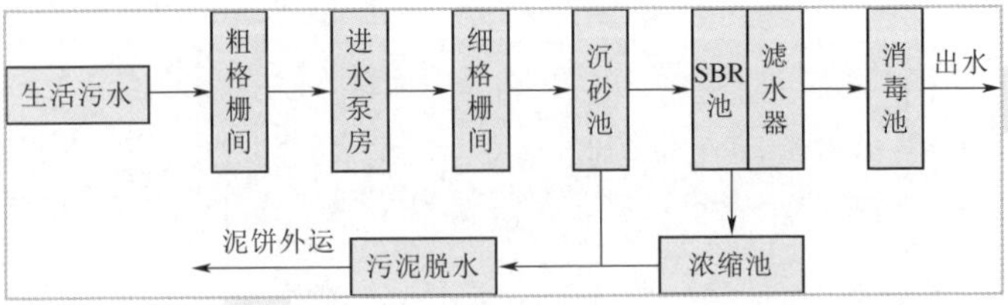

（5） SBR 工艺。

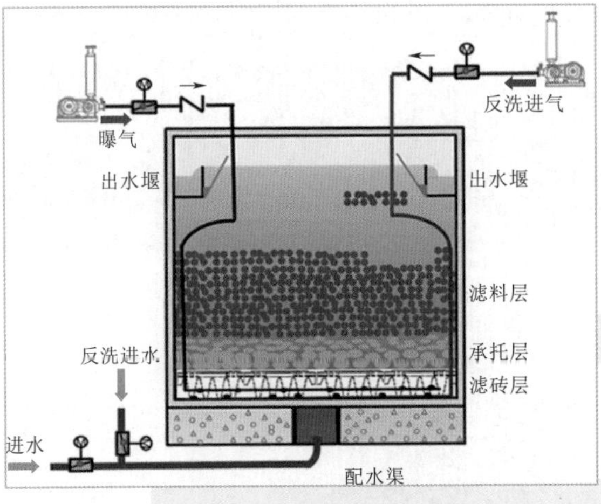

88 近期已在污水处理厂成功应用的新技术、新工艺及新材料有哪些?

新技术、新工艺包括以下几种:

(1)膜过滤浓缩。根据MBR工艺改进而来,可将污泥浓缩至含固量4%以上,需要曝气防治膜堵塞,膜需要定期清洗。

(2)电渗析脱水。通过在污泥中形成电场,使得水分子从污泥中经多孔介质分离。

(3)土工布管脱水。用高强度聚丙烯织布制成脱水材料,利用重力压缩自然脱水,适用于小型污水处理厂。

(4)等离子辅助热氧化。利用等离子弧发生器产生高温等离子进行污泥中有机物的分解。

(5)玻璃化。将污泥中的矿物质熔化形成类似玻璃状的骨料,污泥升温达1400℃以上,可以去除金属物质并分解有机物。

(6)超临界水氧化。在高温(374℃以上)高压(221bar以上)条件下,通过超临界水做介质在短时间(小于1min)内将有机物完全分解。

新材料包括以下几种:

(1)高渗透性的氧化石墨烯膜。

(2)VRA-II型混凝土结构防腐涂料。

(3)PB树脂和PVB膜片。

在处理污水的同时，如何做到节能减排低碳？ 89

一是提高污水处理综合能效。

（1）采用高效机电设备。新建设施直接采购高效设备，已有设施逐步更新成高效设备。污水处理 机电设备主要包括水力输送、混合搅拌和鼓风曝气三大类。采用高效电机通常可实现 5% ~ 10% 的效率提高。

（2）加强负载管理。在满足工艺要求的前提下要使负载降至最低，同时，设备配置要与实际荷载相匹配，避免“大马拉小车”。主要包括以下几个方面：①污水提升以及污泥回流等单元的水力输送设备绝大部分时段在低效工况运行，应予以改造；②污泥混合搅拌设备的设计搅拌功率普遍偏大，处于过度搅拌状态，准确把握搅拌器与介质之间力和能量的传递关系，可以准确衡量实际工况所需搅拌器的大小，有效避免电耗浪费；③优化推进器和曝气系统的位置和距离，可以使系统的能量损失最小；④曝气系统的电耗占污水处理总电耗的 50% ~ 70%，是加强负载管理的重点。

（3）建立需求响应机制。根据实际工况的需求及其变化，动态调整设备的运行状态。目前污水行业已经出现感应式调速和线性调速的水力输送和搅拌设备，此类设备可以有效优化水力输送和搅拌系统的整体运行情况，实现节能降耗。采用内置智能控制系统的水力输送设备和搅拌器，在特定工况条件下，与传统设备相比，甚至可以节省 50% 以上的能耗。

二是大力回收能源。污水中蕴含着大量的能量，理论上是处理污水所需能量的很多倍。污水经处理后，其中的能量大部分转移到了污泥中，因此开发回收污泥中的能量具有极大的潜力。污泥能源化主要集中在厌氧方向，污泥厌氧能源化包括厌氧发酵产乙醇、厌氧发酵产氢和厌氧消化产甲烷三个技术路径。

传统厌氧消化技术能源转化率在 30% ~ 40% 之间，而高级厌氧消化技术可提高到 50% ~ 60%。高级厌氧消化技术包括高温厌氧消化、温度分级厌氧消化 (TPAD)、酸气两相厌氧消化和延时厌氧消化。

采用传统厌氧消化技术可使污水处理厂实现20% ~ 30%的能源自给率，预处理、高级厌氧消化、涡轮发动机或燃料电池以及热电联产（CHP）等技术的耦合使用，有望使污水处理实现30% ~ 50%的能源自给率，及大大降低间接碳排放量，又降低甲烷产生并逸散导致的直接排放。

三是探索可持续新工艺。

（1）针对有机物去除的工艺。基于有机污染物去除的可持续污水处理新工艺主要是厌氧处理技术，能耗低，且可回收能源。高浓度有机废水的厌氧技术已成熟，但城市污水有机物浓度低，厌氧处理存在投资大和占地大等障碍。目前，城镇污水厌氧处理方向研究的热点是厌氧膜生物反应器AnMBR，与传统厌氧工艺相比，可大幅度减少占地，但技术成熟度离生产性应用尚存在差距。

（2）针对脱氮的低能耗、低药耗工艺。低能耗、低碳源消耗的脱氮工艺主要包括基于短程反硝化原理的SHARON工艺和基于厌氧氨氧化的ANNAMOX/DEMON工艺。与传统的AAO工艺相比，SHARON工艺可节约25%的能耗、40%的碳源消耗，而ANNAMOX工艺可节约60%的能耗、90%的碳源消耗。目前，SHARON和ANNAMOX工艺在高浓度氨氮污水处理中已较成熟。ANNAMOX工艺在典型城镇污水处理上虽有进展，但离实际应用仍有差距。

（3）碳氮两段法工艺。未来革命性的可持续污水处理工艺方向是碳氮两段法：首先对污水中的有机物进行分离，分离出的污泥通过厌氧消化产生CH_4，或对污水直接进行厌氧处理产能，分离后含有氨氮的污水通过主流厌氧氨氧化进行脱氮。根据理论估算，采用上述碳氮两段法，处理一人口当量的污染物将产生24kWh能量，使污水处理厂真正成为“能源工厂”，且污泥产量仅为活性污泥法的1/4。

90 污水处理厂如何实现“碳中和”？

“碳中和”是实现全球可持续污水处理厂的一项关键指标。几年前，欧洲和美国一些污水处理厂便开始了面向碳中和运行的脚步，并建议到 2030 年时实现各自碳中和运行。例如，荷兰 STOWA(应用水研究基金组织) 早在 2008 年对其污水处理厂回收资源与能源便制定了路线图，并为此提出了面向未来污水处理厂的 NEWS(营养物 + 能源 + 再生水工厂) 概念。

许多研究与工程试验已被用于探知从污水中回收能源，以满足污水处理运行现场能量自给自足的可行性；这些举措也支持减少污水处理厂全生命周期温室气体排放的相关目标。一些能量中和运行的污水处理厂已在一些欧美国家出现，但是，实现“碳中和”的运行目标还在积极的探索中。

91 垃圾渗滤液处理有哪些新技术?

（1）有效微生物(EM)技术。EM 技术最初应用于农业与畜牧业，近几年来开始被应用到环保领域，该技术操作简单。研究中发现，EM 菌液对毒性大的高浓度垃圾渗滤液处理效果明显，对难生化降解垃圾渗滤液的处理效果显著，这为垃圾渗滤液的处理提供了一种新技术、新方法。

（2）AMT 系统处理技术。AMT 是一种新型的污水处理系统，采用的技术属于物理化学处理法。该方法通过向水中输入负氧离子(O^-)，使之与水反应最终产生氧化性极强的羟基自由基(OH)，同时利用超声波和电磁场的能量改变水分子及污染物分子的结构，生成活泼的自由基，这些自由基与羟基自由基反应，从而把水中污染物氧化为 CO_2 和 H_2O。用 AMT 系统处理垃圾渗滤液，通过 AMT 系统处理垃圾渗滤液的小试和中试试验，研究其对有机污染物的去除效果和降解规律。

（3）膜生物法。膜生物法(MBR)是近些年才出现的一种集膜

地下水
管理条例

滤和生物处理于一体的新型高效生物处理技术，在处理高浓度难降解有机废水方面有着广泛的应用前景，也可将它与反渗透法联合处理渗滤液。

（4）土地法。渗滤液的土地法主要有渗滤液的回灌和土壤植物处理。回灌法是把填埋场作为一个以垃圾为填料的巨大的生物滤床，该法是将收集到的渗滤液回流至填埋区域，利用填埋场自身形成的稳定系统使渗滤液滤经覆土层和垃圾层，发生一系列生物、化学和物理作用而被降解和截留，同时使渗滤液由于蒸发作用而减量。回灌法具有投资少、管理简单、效果好，能克服重金属污染点的扩散，加速垃圾填埋场稳定等优点。渗滤液回灌循环处理方式很多，主要有填埋期间将渗滤液直接喷灌或浇灌至垃圾表面和地表下回灌或内层回灌。目前，国内回灌法应用于垃圾渗滤液的处理较少，尚缺乏成熟的工艺条件和运行经验，但有些理论研究在国外已得到广泛的应用。

92 工业水污染防治有哪些强制规定？

《水污染防治法》中，工业水污染防治规定如下：

第四十四条 国务院有关部门和县级以上地方人民政府应当合理规划工业布局，要求造成水污染的企业进行技术改造，采取综合防治措施，提高水的重复利用率，减少废水和污染物排放量。

第四十五条 排放工业废水的企业应当采取有效措施，收集和处理产生的全部废水，防止污染环境。含有毒有害水污染物的工业废水应当分类收集和处理，不得稀释排放。

工业集聚区应当配套建设相应的污水集中处理设施，安装自动监测设备，与环境保护主管部门的监控设备联网，并保证监测设备正常运行。

向污水集中处理设施排放工业废水的，应当按照国家有关规定进行预处理，达到集中处理设施处理工艺要求后方可排放。

第四十六条 国家对严重污染水环境的落后工艺和设备实行淘汰制度。

国务院经济综合宏观调控部门会同国务院有关部门，公布限期禁止采用的严重污染水环境的工艺名录和限期禁止生产、销售、进口、使用的严重污染水环境的设备名录。

生产者、销售者、进口者或者使用者应当在规定的期限内停止生产、销售、进口或者使用列入前款规定的设备名录中的设备。工

艺的采用者应当在规定的期限内停止采用列入前款规定的工艺名录中的工艺。

依照本条第二款、第三款规定被淘汰的设备，不得转让给他人使用。

第四十七条 国家禁止新建不符合国家产业政策的小型造纸、制革、印染、染料、炼焦、炼硫、炼砷、炼汞、炼油、电镀、农药、石棉、水泥、玻璃、钢铁、火电以及其他严重污染水环境的生产项目。

第四十八条 企业应当采用原材料利用效率高、污染物排放量少的清洁工艺，并加强管理，减少水污染物的产生。

93 农业和农村水污染防治有哪些规定？

《水污染防治法》中，农业和农村水污染防治规定如下：

第五十二条 国家支持农村污水、垃圾处理设施的建设，推进农村污水、垃圾集中处理。

地方各级人民政府应当统筹规划建设农村污水、垃圾处理设施，并保障其正常运行。

第五十三条 制定化肥、农药等产品的质量标准和使用标准，应当适应水环境保护要求。

第五十四条 使用农药，应当符合国家有关农药安全使用的规定和标准。

运输、存贮农药和处置过期失效农药，应当加强管理，防止造成水污染。

第五十五条 县级以上地方人民政府农业主管部门和其他有关部门，应当采取措施，指导农业生产者科学、合理地施用化肥和农药，推广测土配方施肥技术和高效低毒低残留农药，控制化肥和农药的过量使用，防止造成水污染。

第五十六条 国家支持畜禽养殖场、养殖小区建设畜禽粪便、废水的综合利用或者无害化处理设施。

畜禽养殖场、养殖小区应当保证其畜禽粪便、废水的综合利用或者无害化处理设施正常运转，保证污水达标排放，防止污染水环境。

畜禽散养密集区所在地县、乡级人民政府应当组织对畜禽粪便污水进行分户收集、集中处理利用。

第五十七条 从事水产养殖应当保护水域生态环境，科学确定养殖密度，合理投饵和使用药物，防止污染水环境。

第五十八条 农田灌溉用水应当符合相应的水质标准，防止污染土壤、地下水和农产品。

禁止向农田灌溉渠道排放工业废水或者医疗污水。向农田灌溉渠道排放城镇污水以及未综合利用的畜禽养殖废水、农产品加工废水的，应当保证其下游最近的灌溉取水点的水质符合农田灌溉水质标准。

94 大型土木工程施工现场，如何做好水污染防治？

据原建设部统计，全国每年的建筑面积为 18 亿～ 20 亿 m^2，作为用水大户的建筑施工工程，其用水状况以及节水措施长期以来不被人们重视，这方面的研究也少有人问津。随着城市建设规模的加大、水资源的严重短缺，施工场地节水问题越来越引起人们的关注。

施工现场也应注意节约用水和防止水污染。要在各个用水环节节约用水，如将降水储存起来，建立雨水收集利用系统，利用降水作为施工用水；要定期不定期地检查水管、水龙头等，防止跑、冒、滴、

漏水现象发生。搅拌机前台、混凝土输送泵及运输车辆清洗处应当设置沉淀池，经二次沉淀后水循环使用或用于洒水降尘，废水不得直接排入市政污水管网。现场存放油料，必须对库房进行防渗漏处理，储存和使用都要采取措施，防止油料泄漏污染土壤和水体。施工现场设置的食堂，用餐人数在100人以上的，应设置简易有效的隔油池，加强管理，专人负责定期掏油，防止污染地表水和地下水。

95 流域水治理包括哪些内容?

流域的综合治理与开发包括了防洪、航运、发电、灌溉、旅游等内容。水资源综合开发是流域治理的核心。配合水利设施建设，大力开发水电，对河及其支流的水力资源进行充分的梯级开发，既提高了防洪标准，又通过水电的利用带动了当地经济的发展，并还可以为减碳作贡献。

美国田纳西河流域在综合治理与开发过程中，重视环境保护，采取了灭蚊防疟、植树造林、保持水土、矿区土地复垦、城市垃圾处理等措施；在积极进行环保的同时，大力发展旅游业，建立公园、野生动物管理区、风景区等促进旅游业的发展，也带动了就业发展。

水生态修复措施有哪些？ 96

水生态修复是一项理论复杂、因素众多、操作较困难的一项工作，既要因地制宜，又要符合科学，更要讲究实效。按照水生态系统的理论，结合河道、湖泊过去情况的分析，根据现在的实际状况和上海水网地区的实践经验，对修复水生态系统，创造水边和水中生物多样性环境，提出 12 条可操作性的措施。

（1）两岸造树林。河岸上应尽可能留出空间。种植树冠较大的树木，逐步形成林带，地面栽上草坪，贴岸的树冠还可以伸向河道上空。其作用之一：可以增强生态功能，大树扎在土壤时深而密的根须与草坪形成一个土壤生物体系；作用之二：可以发挥景观作用，岸边的林带草坪，与河道组合，可以有效地改善这一地区的温度、湿度与舒适度，形成一道独特的风景线。

（2）河坡植草坪（或灌木）。传统的做法往往忽视生态，把河坡搞成直立式，或用块石和水泥板覆盖河坡并勾缝，其实，在不知不觉中已经破坏了生物的生长环境。从修复水生态系统出发，有条件的河坡都应植上草坪或灌木。护坡上的草坪和灌木所起的作用很大：一是草坪和灌木与土壤形成的土壤生物体系，同样可以像两岸的树林与草坪一样，起到减少有机物对河道、湖泊的冲击和营养化

程度的作用，有些灌木的根须还能够直接伸到水体中吸收水中的营养成分；二是河坡是水域向陆域的自然过渡带，草坪和灌木与土壤的结合，改善了温度、湿度，提供了食物；三是在稳定边坡，防止水土流失的同时，改变了护坡“硬、直、光”的形象，给人们以绿色、柔和、多彩的享受。

（3）墙上攀绿藤。城市化地区的部分河道，由于整个地区水面积的严重不足，为了确保水安全，提高河道汛期的蓄水量，不得已加高加固了防汛墙。弥补的办法是，在墙的陆域一侧种植绿色的爬藤植物，从下爬到上，到了顶以后从上爬到下，一直到水面；有条件的地区，在防汛墙的两面墙上，可依墙分层而建一些条式和点式的花坛，种上灌木或花草；硬质结构的直立或斜坡式护坡，宜种植一些垂枝灌木。

（4）水边栽植物。水边是水生态系统里一个非常重要的组成部分，要尽可能构建挺水植物多样性的环境。在种植方法上，一般可以直接栽在河边的滩地上、斜坡上，也可栽在盆、缸及竹木框之类的容器做成的定床上；直立式防汛墙的下面，在不影响河道断面的基础上，利用河底淤泥在墙边构筑一定宽度，并有斜坡的湿地带环境，创造挺水植物生长的条件。

（5）水流多样化。新的河道治理理念，要求在基本满足行洪需求的基础上，宜宽则宽、宜弯则弯、宜深则深、宜浅则浅，形成河道的多形态，水流的多样性。其作用有两条：一是水流的多样性，能够满足不同生物在不同阶段对水流的需要；二是河道的多形态、水流的多样性本身是水系景观的一个重要组成部分。

（6）水中建湿地。河流、湖泊中的湿地，是修复水生态系统的一项重要手段，也可以称湿地土壤生物工程，国内外有些中、小城市甚至用来处理城市的生活污水。对于河道与湖泊的治理，在基本不影响行洪和槽蓄功能的前提下，应尽可能保留和建设一些湿地，一切都要因地制宜。另外，湿地也是水景观中不可多得的重要一笔，它充满了野趣、野味和自然气息，是人们回归自然的一种象征。

（7）**水面养萍草**。水面上的植物有两种：一种是根在水里的浮水植物，它们是水葫芦、水花生等；另一种是根在河、湖底泥里的浮叶植物，它们是荷花、水鳖等。

（8）**水下种水草**。实践证明，水草茂盛的水体，往往水质很好，而且与众不同的是清澈见底。人工种植水草，也是修复河道、湖泊水生态系统的重要一环。

（9）**水里养鱼虾**。在放养鱼虾时，要注意食草性、食杂性、食肉性之间的搭配。鱼虾在水里自由洄游，在水面泛起阵阵涟漪，使河道、湖泊显得生机勃勃。

（10）水底爬螺蚌。螺蚌等贝壳类动物和大量的底栖动物，在水底形成了另一个世界，它们是名副其实的水底“清道夫”，其作用不可小看。

（11）曝氧放细菌。人们肉眼看不到的细菌、真菌、放线菌、土壤原生动物等生物种群的生存和繁衍，无时无刻地将水中的有机物质分解成无机物质和水，它们需要充足的氧气，所以，应尽量用各种方法和手段进行曝氧，通过增加水体中氧气的方法来促使好氧细菌的生长繁殖，以达到增强和加快分解水中有机污染物的目的。

（12）管理经常化。修复水生态系统就是要通过人的努力，连接河道、湖泊中“生产者—消费者—还原者”的生物链，并积极地、经常不断地进行必要的干预，促使其达到平衡。

97 地下水污染防治措施有哪些？

（1）落实《地下水管理条例》，划定地下水污染防治重点区，实行排污总量控制。对一些污染较为严重的企业要实行限期治理；提倡建立技术成熟、投资较少、经济效益高的废水资源回收项目，如造纸白水回收装置。督促和扶持企业进行造纸制浆方法的改革、黑液处理及烧碱回收等新技术的开发和应用。

（2）抓好化工资源的综合利用，以减少排污总量。充分回收利用废水资源，做好开源与节流工作，抓好化工资源的综合利用。化工污染主要来源于生产过程中流失于环境中的原料、产品及副产品。针对区内工业结构的不合理，浪费严重的小化工项目比例较大的现象，可以采取技术投入的方法，帮助其提高资源的利用率。

（3）在污染严重的局部地区，采取超强开采的方法。在地下水污染非常严重的局部地区，可以采取向地下深部岩层处理的方法。在查明排放废液地层的水文地层条件的情况下，选择吸附容量大的岩层，把污染非常严重的地下水注入深部地层中，防止污染的扩散。

（4）严格标准，杜绝新污染源的产生。在治理水污染的同时，还要控制新污染源的产生，对一些污染严重的新建项目，坚决不予审批，尤其是小型的造纸、化工、炼油等项目。

（5）根据当地的实际情况，建立污水处理项目。由于新建一个污水处理厂所需的投资较大，技术水平较高，在短期内实现有一定的困难。在资金等条件不足的情况下，可以利用氧化塘来处理生活

专家解读
《地下水管理条例》

污水。由于氧化塘的造价较低，工期短，易于管理，处理效果较好，在中小城镇的污水处理中效益显著。

（6）调整产业结构，深化企业环境管理。如果工业结构不合理，综合发展失去平衡，容易出现乱布点、乱上项目、处处建厂、村村冒烟的混乱局面。为解决这一问题，要合理规划工业布局，对现有的产业结构进行合理的调整。对乡镇，可以采取几个乡镇联合规划，统一布局，建立工业集中区，既可以合理地利用资源，又可以进行污染物的集中处理。同时要深化企业的环境管理，把污染治理和监督管理联系在一起。对已上的项目，要坚决杜绝因设施、管理等方面造成污染现象的发生。

（7）充实力量，加强监督监测工作。尽快开展新的地下水环境评价工作，找准污染源，查清地下水污染迁移转化规律，提出防止地下水污染、恢复地下水源水质的工程措施，并确立监视性监测预报方案。

（8）采取地下水人工补给的方法，以缓和地下水供需矛盾。由于目前地下水的长期超采，一般平水年都出现负均衡。长期下去，必然会加剧地下水的供需矛盾，影响经济的健康发展。所以在丰水年，应根据当地的实际情况，考虑采取地下水人工补给的方法，以缓和水资源日趋紧张的局面。

（9）利用表面活性剂治理地下水包气带石油污染。应用表面活

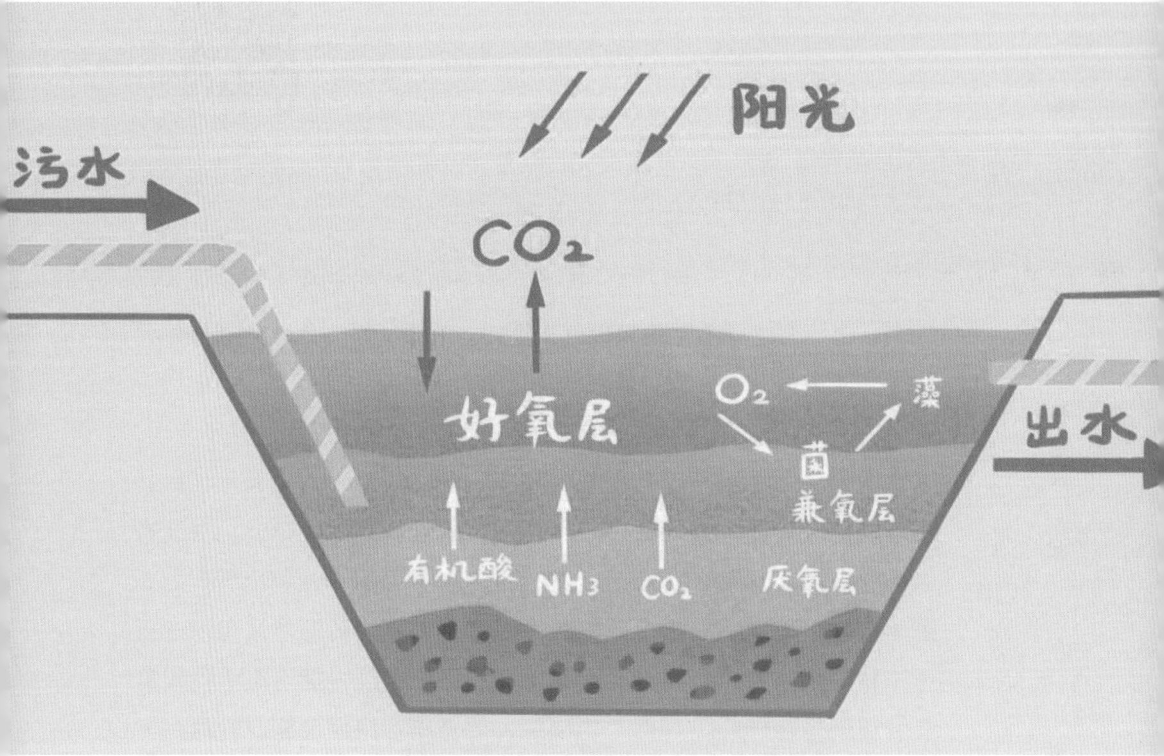

性剂治理地下水污染，在我国尚属起步阶段，北京师范大学在这方面做了大量的工作，通过研究表明，石油类污染物在包气带土壤和沉积物中主要以两种形式存在：一种是被土壤胶体通过物理和化学作用吸附的吸附态，另一种是存在于土壤孔隙中的自由态，自由态的石油污染物容易因弥散和动力冲刷等作用去除，大多数附着在岩石表面或存在于岩石孔隙中。因此表面活性剂对石灰岩层中油的去除效率较高。

（10）合理调配地表水。如何合理地调配区内的地表水，也是防止地下水污染的重要措施之一。目前在我国许多地区，合理地调配地表水与地下水是一个非常重要的问题。

98 “十年禁渔”对长江意味着什么？

未来 10 年长江“无渔”的背后，是长江生物完整性指数到了最差的“无鱼”等级。如何理解“无鱼”呢？

通俗的理解，就是渔民按照传统捕捞的方式、工具，已经捕不到鱼了。我们再不保护长江，水生生物资源以后就很难恢复了。长江流域有水生生物 4300 多种，其中鱼类 400 多种，特有鱼类 180 余种。但是目前长江每年的天然鱼类捕捞量已经不足 10 万 t，而我国每年淡水鱼品的产量是 3000 多万 t。这表明，一方面长江里的鱼儿数量岌岌可危，另一方面长江“十年禁渔”不会对老百姓的餐桌产生大的影响。

禁渔不仅是保护鱼类的举措，而且是关于修复长江生态、保护自然资源的问题，这将关系到可持续发展。把保护和修复长江流域生态环境放在压倒性位置，长江“十年禁渔”将是重要举措之一。

长江禁渔为什么需要 10 年的时间呢？长江里最常见的“四大家鱼”——青、草、鲢、鳙等鱼类通常需要生长 4 年才能繁殖，连续禁渔 10 年，它们将有 2 ~ 3 个世代的繁衍，种群数量才能显著增加。野生鱼类种群的恢复将有利于长江整体生态环境的修复，并为养殖鱼类提供优质的种质资源。

延伸阅读 长江“十年禁渔”的提出

其实从 2003 年开始，长江干流和一些重要支流就实行了每年 3 个月的春季禁渔，后来又延长至 4 个月。但是曹文宣和他的研究团队发现，每当休渔期结束，无节制的捕捞又立刻出现，“迷魂阵”“绝户网”捞起了刚刚生长几个月的幼鱼。这些小鱼以每斤 5 毛钱左右的价格出售，成为养殖饲料。长江渔业资源并没有得到有效的恢复。

从 2006 年开始，曹文宣首先提出要实行长江“十年禁渔”，他通过学术报告会、新闻媒体等各种渠道建言献策。2019 年 1 月，农业农村部等部门出台了《长江流域重点水域禁捕和建立补偿制度实施方案》，明确了长江“十年禁渔”制度。

99 什么是蓝藻？什么是赤潮？

蓝藻水华又称“湖靛”，是指一种称为“蓝细菌”的光合自养生物。蓝藻在富营养的湖泊中可以快速生长，构成水华的蓝藻群体大量滋生后又大量死亡，分解时散发出难以忍受的恶臭，严重污染水体和空气，同时大量消耗水中溶解氧，常造成大批鱼类死亡。更为严重的是，蓝藻还威胁人类的健康。人们在洗澡、游泳及进行其他水上运动时，接触含藻类毒素水体可以引起眼睛和皮肤过敏，少量喝水可以引起肠胃炎，长期饮用则可能引发肝癌。家畜及野生动物饮用了含藻类毒素的水后，会出现腹泻、乏力、呕吐、嗜睡等症状，甚至死亡。

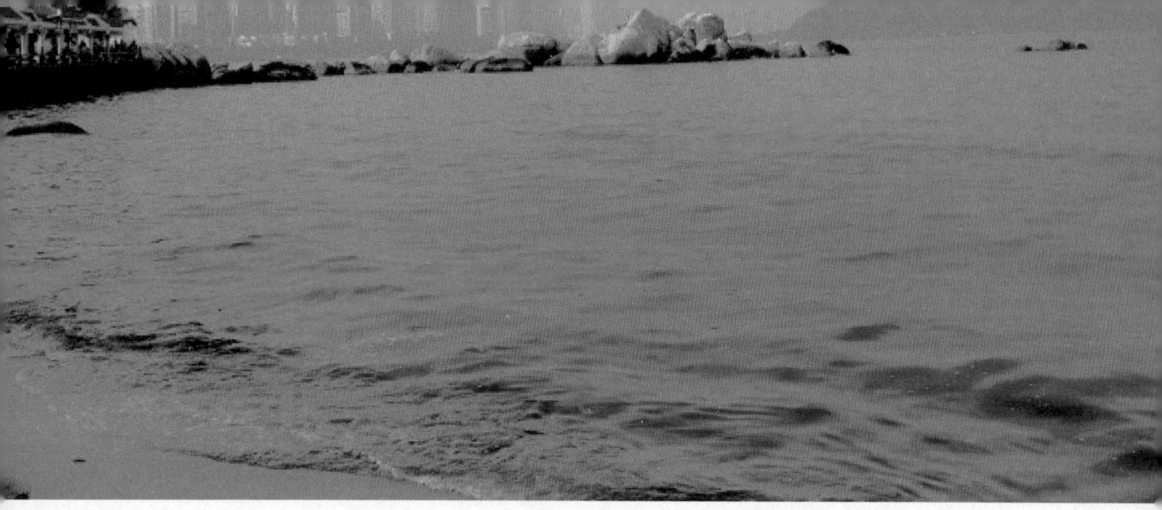

早在 2000 多年前，居住在红海海滨的古埃及人就已发现，海水会在一夜之间变成红色，紧接着水中的鱼虾也跟着遭殃，海水中一片片浮尸。人们惊恐万分，把它当作神在发怒，并虔诚地记录下来，称之为“赤潮”(redtides)。实际上，赤潮是由于海洋环境条件的变化导致浮游生物(微藻、原生动物或细菌)暴发性增殖或高度聚集，使局部水体改变颜色的生态异常现象。由于引发赤潮的生物种类和数量的不同，水体会呈现出不同的颜色，但多为红色或砖红色，也称为红潮，也可以是黄色、绿色、棕色或棕红色。海洋浮游微藻是引发赤潮的主要生物，在 4000 多种浮游微藻中有 260 多种能形成赤潮，中国沿海的赤潮生物有 148 种，其中 43 种曾引发过赤潮。随着工农业生产的发展，人口增多，近 200 年来，赤潮已成为世界性的年度自然灾害，是海洋三大公害之一。

如何治理蓝藻？ 100

治理蓝藻既有物理方法和化学方法，还有生物方法。

1. 物理方法

（1）彻底清塘消毒。由于蓝藻比其他藻类具有更强的竞争力，因此控制措施以预防为主、防重于治。彻底清塘消毒可有效杀灭蓝藻，压低基数，减少大规模发生的可能。避免随加水带入蓝藻，对控制也有积极意义。

（2）定期换新鲜水。对于含有较多蓝藻的池塘，经常、大量地换新鲜水，可稀释蓝藻的浓度，同时也稀释了蓝藻分泌的毒物浓度，促进其他藻类的生长和保持整个生态系统的动态平衡，也可以带来其他藻类，减少蓝藻的种群优势。

2. 化学方法

（1）铜制剂。蓝藻比其他藻类对铜离子更敏感，因此铜制剂常用作抑藻、杀藻剂。传统使用的铜制剂是晶体硫酸铜。硫酸铜的药效持续时间短，受水质的碱度及水中的可溶性有机物、腐殖质及藻类自身释放的多肽的影响，使用时需要连续施加。高浓度的铜离子会造成浮游植物的大量死亡引起水体严重缺氧，过多过量的使用还会引起鱼类的蓄积性中毒，造成肝、肾组织的损害影响鱼体的生长。故 $CuSO_4$ 不能经常使用，且浓度应严格控制。为了减轻铜离子对水生动物的影响，将铜离子制成铜基化合物，铜与三乙醇胺形成毒性更小的化合物。铜离子从铜基化合物中缓慢释放到水体中并维持一定浓度的连续作用，抑制蓝藻的生长和大量繁殖。目前采用络合铜(络合铜溶液)其毒性小，安全；pH 值影响小；水溶液澄清，透明；且剂量准确。

（2）除草剂。可供选的有西玛三嗪、敌草隆、扑草净等，它们作用的主要特点是抑制光合作用。西玛三嗪能有效地抑制光合作用，能控制浮游生物而对鱼类无害的安全浓度是 0.5mg/L，可有选择地杀死蓝藻。敌草隆、扑草净抑制光合作用的效果也较好，对鱼类的毒性较小。实验结果表明，除草剂可以在短时间内去除蓝藻，但不能从根本上解决湖泊富营养化问题。

（3）选择性施肥。低氮磷比有利于蓝藻进行固氮作用，高氮磷比则有利于绿藻繁殖。国外一些学者认为，氮磷比接近或等于1：20，能有效控制固氮蓝藻的暴发。

（4）二氧化氯。二氧化氯制剂具有较强的杀菌作用，并可增加养殖水体中的溶解氧。微囊藻、球囊藻施用后数量显著减少。

3. 生物方法

（1）放养一定数量的滤食性鱼类。虽然蓝藻不易被消化，但由于其颗粒较大，更容易被滤食性鱼类摄食到体内，在一定程度上延缓、阻碍了蓝藻的生长。可供选择的鱼类有白鲢、花鲢、白鲫等。实践表明，尾重 200g 以上的白鲢对蓝藻有明显的抑制作用，每 667m^2 总量达到 100kg 时，基本不会暴发蓝藻。

（2）投放漂浮水生植物。如浮萍，不但可以吸收水体的营养盐和有机物，减少形成水华的风险，还可以通过漂浮的特性，随蓝藻一起在水面漂浮盖住聚集的蓝藻颗粒层，阻碍其生长，间接促进其他藻类生长。

（3）引种水生维管束植物。维管束植物能有效吸收水体的营养盐类，还有较强的净化水质作用，但要防止植物大量死亡引起的“二次污染”。芦苇、水辣蓼都是很好的选择。

（4）施用对蓝藻有特异性侵染、裂解的病毒、细菌（益生菌）、真菌等微生物。选择培养特异性的病毒、细菌、真菌。在渔业水体中，微生物尤其是细菌在水体水生生态系统中起着重要作用。细菌不仅是有机物的主要分解者，在物质循环中起着重要的作用，而且是水生动物和鱼类的重要食物。在富营养化水体中，腐生菌极易繁殖，危害水产动物，在蓝藻暴发的水体，由于蓝藻毒素影响，细菌生长受到抑制，因此在富营养化水体和蓝藻水体，都不利于水生生物的生长。在水体中投放一定量的有益菌（其微生物组合以光合细菌、放线菌、酵母菌和乳酸菌为主），增加水体的益菌含量，能提高水体分解有机物的能力，促进水生生物的生长，形成细菌分解、生物吸收、水产动物生长的良性循环。

（5）引进或培养优良藻类。引进某些对蓝藻有拮抗作用的优良藻类抑制其生长。调整水体的氮磷比也可以改善藻类的种群结构，当磷氮比为 2 时，蓝藻可以大量发生，当磷氮比提高到 5 时，绿藻大量繁殖成为优势种群。水生生物利用氮、磷元素进行代谢活动以去处水体中氮、磷营养物质。日本科学家发现一种名叫“水网藻”的网片状或网带状形藻，此藻繁殖迅速且大量吸收水中的氮磷，从而抑制了其他藻的生长，达到以藻治藻的目的。

（6）引进食藻原生动物。许多蓝藻是原生动物的良好食物源，蓝藻的许多属性为纤毛虫类、鞭毛虫类和变形虫类所捕食。原生动物作为控藻因子有以下优势：一是原生动物取食范围广。已经分离到取食微囊藻、鱼腥藻、束丝藻等滇池优势藻种的原生动物。二是原生动物食量大。实验室中观测到，只要原生动物数目达到某一阈值，体系中的藻细胞会被迅速消耗殆尽。三是很多原生动物在食物耗尽时会形成包囊，渡过食物缺乏期。当藻类重新增多时，包囊又会破壁复苏成为食藻营养体。四是包囊结构具有很强的抗逆性，这种形式容易包装和运输。五是容易繁殖，原生动物可以利用有机培养基大量发酵培养。

如何治理赤潮？ 101

（1）物理法——黏土法。

目前，国际上公认的一种方法是撒播黏土法。利用黏土微粒对赤潮生物的絮凝作用去除赤潮生物，撒播黏土浓度达到 1000mg/L

时，赤潮藻去除率可达到 65% 左右。

（2）化学除藻法。

化学除藻法是利用化学药剂对藻类细胞产生的破坏和抑制生物活性的方法进行杀灭控制赤潮生物，具有见效快的特点。最早使用的化学药剂是 $CuSO_4$，易溶于水，在使用过程中极易造成局部浓度过高而危害渔业，同时在海水的波动下迁移转化太快，药效的持久性差，也易引起铜的二次污染，有机化合物在淡水除藻中具有药力持续时间长、对非赤潮生物影响小等优点，用有机化合物杀灭和去除赤潮生物已经也有相关的报道。目前已有多种化学制剂用于赤潮生物治理的实验研究：如硫酸铜和缓释铜离子除藻剂、臭氧，二氧化氯以及新洁尔灭、碘伏、异噻唑啉酮等有机除藻剂。

（3）生物学方法。

治理赤潮的办法主要有三个方面：一是以鱼类控制藻类的生长；二是以水生高等植物控制水体富营养盐以及藻类；三是以微生物来控制藻类的生长。其中由于微生物易于整殖的特点，使得微生物控藻是生物控藻里最有前途的一种控藻方式。这些杀藻微生物主要包括细菌（溶藻细菌）、病毒（噬菌体）、原生动物、真菌和放线菌五类。多数溶藻细菌能够分泌细胞外物质，对宿主藻类起抑制或杀灭作用，因此通过溶藻细菌筛选高效、专一，能够生物降解的杀藻物质是灭杀赤潮藻的一个新的研究方向。

102 我国五大淡水湖面临的环境问题有哪些？如何治理？

我国五大淡水湖是鄱阳湖、洞庭湖、太湖、洪泽湖和巢湖的合称，其典型的水环境问题是水体富营养化以及水华问题。

为了保护长江流域生态环境，促进可持续发展，今后应针对湖泊面临的环境问题，按照科学发展观的要求，正确处理好经济发展与环境保护的关系，确立新的治理观念，采取“治、控、截、疏、引、修、管”等方法，使湖泊更加清澈碧透、秀丽壮观，使我们共同生活的家园更加美好。

这些治理措施具体来讲就是：

（1）治。即治理污染源。要对长江流域的企业大力推行清洁生产，推广节水技术和污水处理技术，对污水进行统一处理后再排放，严禁其直接流入湖泊，造成危害。

（2）控。即控制污染量。包括控制农业面源污染和减少生活污染源。鼓励发展生态农业和节水农业，减少化肥、农药的使用，并严格控制新建旅游度假村、餐饮服务等项目，减少生活污染源。

（3）截。即截流湖泊和河道污水。对长江流域的主要河道建闸控制，防止大量污水进入湖泊，造成破坏。

（4）疏。即疏浚河道湖底的淤泥。对入湖出湖的部分河口段和淤积区域进行适当清淤疏浚，可以扩大湖泊水域之间的连接通道，加快内部水体的流动和交换，增强水体自净能力。

（5）引。即引清水入湖。可以通过实施清水通道工程，引长江

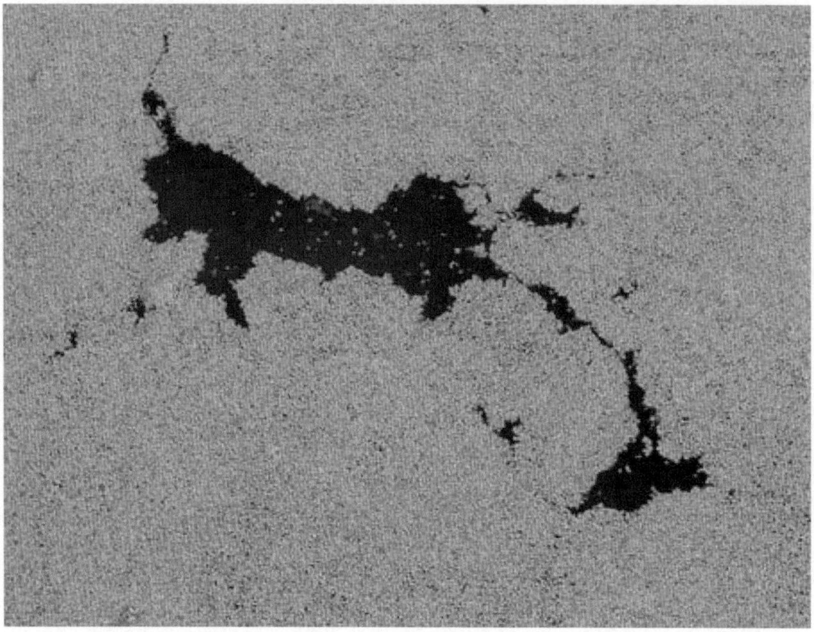

水直接进入该流域的一些湖泊，并设置泵站，引排双向，这样既可引清，又能排涝。

（6）修。即修复湖区生态环境。一方面，可以在湖边一定范围内进行绿化，建立绿化生态岸线，同时，要禁止在湖边搞建设项目；另一方面，要在河口段建立生态河道，进一步净化入湖的水质。

（7）管。即实行长效管理。要由长江流域各水行政主管部门进行统一规划，统一管理，并建立各主要湖泊的专管机构，负责清水通道、湖区生态、湖边绿化等日常管理。同时，还要完善湖泊管理法规，实施依法管理。

以上措施中，“治”“控”是根本，“截”“疏”“引”是手段，“修”“管”是保证。只有这几方面结合起来，才能有效地治理保护湖泊，为建设我们美好的家园贡献力量。

103 为什么说水污染“表象在水里，根子在岸上，关键在人心”呢?

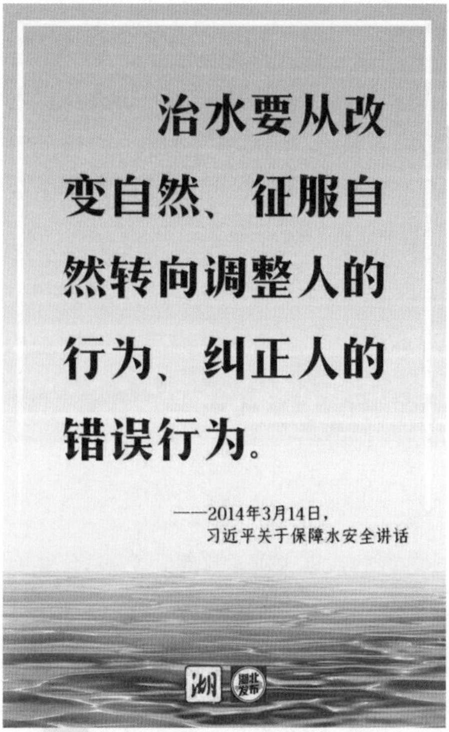

治水要从改变自然、征服自然转向调整人的行为、纠正人的错误行为。
——2014年3月14日，
习近平关于保障水安全讲话

自改革开放以来，在“发展是硬道理”的引领下，各地为了追求GDP和政绩，招商引资发展企业、城镇化比例不断提高，从而引发了大量的污染问题，特别是水污染的问题尤为突出。而这些河湖水污染的根源，一是河湖岸边和周边工厂企业不按国家规定的标准排放污染物，偷排或违规排放污染物到就近的河湖里面；二是河湖岸边随意堆放的垃圾等，随着下雨排入到河湖里面；三是农田使用了大量的化肥和农药，多余的会随着降雨流入河湖里面；四是城乡居民日常排放的污水（含厕所污水），不能全部纳入污水

处理厂的管网来处理，特别是农村的污水处理率较低，严重污染了其周边的河湖。而这些污染的产生，均是由管理的自然人或实施者在操作着，说到底是人的思想和内心所决定的。由此可见，水污染还真是“表象在水里，根子在岸上，关键在人心”的。

因此，解决水污染问题，一是必须得从源头治理，正确处理经济发展同生态环境保护之间的关系，提高全民环保治污意识，齐抓共管，全民行动。二是必须系统治理，治水是一项系统工程，涉及多个部门。部门之间能否高效沟通、通力合作，决定了治水的成效。比如一家违法违规的河道采砂场，国土、水利、环保、公安、市场监管等多个部门都有监管职责，很容易出现多头管理造成的部门之间相互推诿情况。三是必须综合治理，不能头痛医头脚痛医脚。垃圾虽然是固体废物，但其也会随雨水流入河湖或其渗漏液流入地下水中；残枝落叶腐烂后也会流入河湖。因此岸上的污染物需要综合治理。如畜禽和水产养殖的污染治理，要实现养殖废弃物减量化收贮、无害化处理、资源化利用。生活垃圾中的厨余垃圾、畜禽粪便和残枝落叶，完全可以实行堆肥化处理，然后返回到农田之中。

104 公民如何从自身做起，保护水资源和防止水污染？

水是人类赖以生存和发展的重要物质基础。随着社会和经济的迅速发展，水资源匮乏和水污染日益严重，水危机已成为我国实施可持续发展战略的制约因素。水资源虽然是可再生资源，但不是取之不尽、用之不竭的。地球表面虽有 71% 的面积被水覆盖，可是其中 97.5% 的是海水，人类无法直接利用，而剩下的 2.5% 的淡水中，有 87% 是人类难以利用的两极冰盖、高山冰川和永冻地带的冰雪。因此，人类真正能够直接利用的淡水资源仅占地球总水量的0.26%。

节约和保护水资源，是我们每个公民的权利和必须履行的义务。每个公民都有保护环境、保护资源的责任和义务，保护水资源和保护水环境尤为重要。因此，每个公民要从自身做起，去保护水资源和防止水污染。

日常生活中应做到以下几点：

一是节约用水。比如及时关闭水龙头、选用节水设备（比如节水马桶、节水洗衣机等）、不要把水龙头开得太大等。

二是一水多用。比如用洗菜水浇花、用洗脸水冲马桶、不用流水洗碗等；提倡使用脸盆洗脸、洗手；洗手过程打肥皂时，应先暂时关闭水龙头等。

三是选用环保洗洁剂。少用洗衣粉，选用无磷洗衣粉等。

四是日常生活中的节约。比如纸张的节约、日常生活用品的节约等，可减少工业废水的排放。

五是保护周围的环境，减少雨水冲刷的污染。

六是保护植被、植树造林，涵养水源。

中国水周活动
——护好大水

全民治水

为什么说“护好大水，才能喝好小水”呢？ 105

前面已所述，水不是无限供给的资源，必须坚持节约和保护，统筹兼顾江河湖库地表水和地下水（我们形象地称之为“大水”）与每家每户所需的自来水和超市里购买的瓶（桶）装水（我们形象地称之为“小水”）。只有“大水”保护好了，老百姓喝的“小水”才会更安全、更健康、更实惠。要不然，我们每个城市、每个区域的水源地取水口就会越来越远了。

如果我们既节水又洁水，守护住家乡的水资源，保护住家乡的水环境，一般情况下我们就不会愁没有水喝、就不会愁没有干净的水喝。

目前，许多城市，特别是一些大城市，由于城市规划时未能较好地考虑水资源与人口、环境和经济社会的发展，导致城市规模很大、人口剧增，当地水资源根本不够用，不得不实施调水工程。

水是发展的命脉。因此，我们要把水资源作为最大的刚性约束，坚持以水定城、以水定地、以水定人、以水定产，合理规划人口、城市和产业发展，坚定走绿色、可持续的高质量发展之路。

水是生命之源。我们要以感恩的心、敬畏的心来对待水与生命、水与生活。河湖保护与治理，核心在水，关键在人。各级河湖长要做人水和谐的带头人、推动者，广大居民要做人水和谐的有心人、实践者。让我们大家一起共同引领人水和谐新风尚。

延伸阅读

2014年3月14日，习近平总书记在中央财经领导小组第五次会议上的讲话指出，我国水安全已全面亮起红灯，高分贝的警讯已经发出，部分区域已出现水危机。河川之危、水源之危是生存环境之危、民族存续之危。水已经成为了我国严重短缺的产品，成了制约环境质量的主要因素，成了经济社会发展面临的严重安全问题。一则广告词说“地球上最后一滴水，就是人的眼泪”，我们绝对不能让这种现象发生。全党要大力增强水忧患意识、水危机意识，从全面建成小康社会、实现中华民族永续发展的战略高度，重视解决好水安全问题。

我们正处于新型工业化、城镇化发展阶段，对水的需求还没达到峰值，但面对水安全的严峻形势，发展经济、推进工业化、城镇化，包括推进农业现代化，都必须树立人口经济与资源环境相均衡的原则。“有多少汤泡多少馍”。要加强需求管理，把水资源、水生态、水环境承载力作为刚性约束，贯彻落实到改革发展稳定各项工作中。

附录 涉水生态环境方面的地方标准

涉水生态环境方面的地方标准表

省（自治区、直辖市）	标 准 名 称	标 准 编 号
北京市	水污染物综合排放标准	DB11/ 307—2013
北京市	城镇污水处理厂水污染物排放标准	DB11/ 890—2012
北京市	农村生活污水处理设施水污染物排放标准	DB11/ 1612—2019
天津市	污水综合排放标准	DB12/ 356—2018
天津市	农村生活污水处理设施水污染物排放标准	DB12/ 889—2019
天津市	天津市中新天津生态城污染水体沉积物修复限值	DB12/ 499—2013
天津市	铅蓄电池工业污染物排放标准	DB12/ 856—2019
河北省	农村生活污水排放标准	DB13/ 2171—2020
河北省	大清河流域水污染物排放标准	DB13/ 2795—2018
河北省	子牙河流域水污染物排放标准	DB13/ 2796—2018
河北省	黑龙港及运东流域水污染物排放标准	DB13/ 2797—2018
山西省	污水综合排放标准	DB14/ 1928—2019
山西省	农村生活污水处理设施水污染物排放标准	DB14/ 726—2019

续表

省（自治区、直辖市）	标准名称	标准编号
山西省	煤炭洗选行业污染物排放标准	DB14/ 2270—2021
内蒙古自治区	农村生活污水处理设施污染物排放标准（试行）	DBHJ/ 001—2020
辽宁省	污水综合排放标准	DB21/ 1627—2008
辽宁省	农村生活污水处理设施水污染物排放标准	DB21/ 3176—2019
吉林省	农村生活污水处理设施水污染物排放标准	DB22/ 3094—2020
黑龙江省	农村生活污水处理设施水污染物排放标准	DB23/ T2456—2019
黑龙江省	糠醛工业水污染物排放标准	DB23/ 1341—2009
上海市	污水综合排放标准	DB31/ 199—2018
上海市	生物制药行业污染物排放标准	DB31/ 373—2010
上海市	农村生活污水处理设施水污染物排放标准	DB31/ T 1163—2019
上海市	半导体行业污染物排放标准	DB31/ 374—2006
江苏省	农村生活污水处理设施水污染物排放标准	DB32/ 3462—2020
江苏省	化学工业水污染物排放标准	DB32/ 939—2020
江苏省	太湖地区城镇污水处理厂及重点工业行业主要水污染物排放限值	DB32/ 1072—2018
江苏省	池塘养殖尾水排放标准	DB32/ 4043—2021
浙江省	农村生活污水处理设施水污染物排放标准	DB33/ 973—2015

续表

省（自治区、直辖市）	标 准 名 称	标 准 编 号
浙江省	城镇污水处理厂主要水污染物排放标准	DB33/ 2169—2018
浙江省	酸洗废水排放总铁浓度限值	DB33/ 844—2011
浙江省	工业企业废水氮、磷污染物间接排放限值	DB33/ 887—2013
浙江省	电镀水污染物排放标准	DB33/ 2260—2020
浙江省	生物制药工业污染物排放标准	DB33/ 923—2014
安徽省	农村生活污水处理设施水污染物排放标准	DB34/ 3527—2019
福建省	农村生活污水处理设施水污染物排放标准	DB35/ 1869—2019
福建省	制浆造纸工业水污染物排放标准	DB35/ 1310—2013
福建省	厦门市水污染物排放标准	DB35/ 322—2018
江西省	农村生活污水处理设施水污染物排放标准	DB36/ 1102—2019
江西省	工业废水铊污染物排放标准	DB36/ 1149—2019
江西省	鄱阳湖生态经济区水污染物排放标准	DB36/ 852—2015
山东省	农村生活污水处理处置设施水污染物排放标准	DB37/ 3693—2019
山东省	山东省氧化铝工业污染物排放标准	DB37/ 1919—2011
山东省	造纸工业水污染物排放标准	DB37/ 336—2003
山东省	淀粉加工工业水污染物排放标准	DB37/ 595—2006
山东省	纺织染整工业水污染物排放标准	DB37/ 533—2005

续表

省(自治区、直辖市)	标准名称	标准编号
山东省	山东省医疗机构污染物排放控制标准	DB37/ 596—2020
山东省	畜禽养殖业污染物排放标准	DB37/ 534—2005
河南省	河南省黄河流域水污染物排放标准	DB 41/ 2087—2021
河南省	铝工业污染物排放标准	DB41/ 1952—2020
河南省	盐业、碱业氯化物排放标准	DB41/ 276—2011
河南省	铅冶炼工业污染物排放标准	DB41/ 684—2011
河南省	合成氨工业水污染物排放标准	DB41/ 538—2017
河南省	啤酒工业水污染物排放标准	DB41/ 681—2011
河南省	化学合成类制药工业水污染物间接排放标准	DB41/ 756—2012
河南省	发酵类制药工业水污染物间接排放标准	DB41/ 758—2012
河南省	农村生活污水处理设施水污染物排放标准	DB41/ 1820—2019
河南省	蟒沁河流域水污染物排放标准	DB41/ 776—2012
河南省	省辖海河流域水污染物排放标准	DB41/ 777—2013
河南省	清潩河流域水污染物排放标准	DB41/ 790—2013
河南省	贾鲁河流域水污染物排放标准	DB41/ 908—2014
河南省	惠济河流域水污染物排放标准	DB41/ 918—2014
湖北省	农村生活污水处理设施水污染物排放标准	DB42/ 1537—2019

续表

省(自治区、直辖市)	标准名称	标准编号
湖北省	湖北省汉江中下游流域污水综合排放标准	DB42/ 1318—2017
湖南省	农村生活污水处理设施水污染物排放标准	DB43/ 1665—2019
湖南省	水产养殖尾水污染物排放标准	DB43/ 1752—2020
湖南省	工业废水铊污染物排放标准	DB43/ 968—2014
广东省	水污染物排放限值	DB44/ 26—2001
广东省	畜禽养殖业污染物排放标准	DB44/ 613—2009
广东省	农村生活污水处理排放标准	DB44/ 2208—2019
广东省	汾江河流域水污染物排放标准	DB44/ 1366—2014
广东省	茅洲河流域水污染物排放标准	DB44/ 2130—2018
广东省	小东江流域水污染物排放标准	DB44/ 2155—2019
广东省	工业废水铊污染物排放标准	DB44/ 1989—2017
广东省	电镀水污染物排放标准	DB44/ 1597—2015
广西壮族自治区	甘蔗制糖工业水污染物排放标准	DB45/ 893—2013
广西壮族自治区	农村生活污水处理设施水污染物排放标准	DB45/ 2413—2021
海南省	农村生活污水处理设施水污染物排放标准	DB46/ 483—2019
海南省	槟榔加工行业污染物排放标准	DB46/ 455—2018
重庆市	农村生活污水集中处理设施水污染物排放标准	DB50/ 848—2018

续表

省（自治区、直辖市）	标准名称	标准编号
重庆市	化工园区主要水污染物排放标准	DB50/ 457—2012
重庆市	餐饮船舶生活污水污染物排放标准	DB50/ 391—2011
重庆市	锶盐工业污染物排放标准	DB50/ 247—2007
重庆市	锰工业污染物排放标准	DB50/ 996—2020
重庆市	榨菜行业水污染物排放标准	DB50/ 1050—2020
重庆市	梁滩河流域城镇污水处理厂主要水污染物排放标准	DB50/ 963—2020
四川省	农村生活污水处理设施水污染物排放标准	DB51/ 2626—2019
四川省	四川省岷江、沱江流域水污染物排放标准	DB51/ 2311—2016
贵州省	农村生活污水处理水污染物排放标准	DB52/ 1424—2019
贵州省	汞及其化合物工业污染物排放标准	DB52/ 1422—2019
贵州省	贵州省一般工业固体废物贮存、处置场污染控制标准	DB52/ 865—2013
云南省	农村生活污水处理设施水污染物排放标准	DB53/ T 953—2019
陕西省	农村生活污水处理设施水污染物排放标准	DB61/ 1227—2018
陕西省	黄河流域（陕西段）污水综合排放标准	DB61/ 224—2011
甘肃省	农村生活污水处理设施水污染物排放标准	DB62/ 4014—2019
青海省	农村生活污水处理排放标准	DB63/ T 1777—2020

续表

省（自治区、直辖市）	标准名称	标准编号
宁夏回族自治区	农村生活污水处理设施水污染物排放标准	DB64/ 700—2020
新疆维吾尔自治区	农村生活污水处理排放标准	DB65/ 4275—2019
新疆维吾尔自治区	印染废水排放标准（试行）	DB65/ 4293—2020

参考文献

[1] 方如康 . 环境学词典 [M] . 北京：科学出版社，2003.

[2] 方子云 . 中国水利百科全书 环境水利分册 [M] . 北京：中国水利水电出版社，2004.

[3] 吴季松 . 水资源保护知识问答 [M] . 北京：中国水利水电出版社，2002.

[4] 王圣瑞 ,李贵宝,张静蓉 . 环保科普丛书: 湖泊水环境保护知识问答[M]. 北京：中国环境出版社，2015.

[5] 左其亭，李贵宝 . 水科学知识 [M] . 北京：中国水利水电出版社，2016.

[6] 周怀东，彭文启 . 水污染与水环境修复 [M] . 北京：化学工业出版社，2005.

[7] 黄建初 .《中华人民共和国水污染防治法》释义及实用指南 [M] . 北京：中国民主法制出版社， 2008.

[8] 李贵宝，熊文，吴比 . 河长制湖长制市场十大技术需求剖析 [J] . 中国水利，2018（4）：66–68.

[9] 李贵宝，高继军 . 水资源与水环境标准的现状与发展建议 [J] . 中国标准化，2009（9）: 15–19.

[10] 李贵宝，李复兴 . 水健康研究及设想 [J] . 南水北调与水利科技，2011，9（1）：118–121.